Unternehmensziel Wohlbefinden

Dr. Ernst Fritz-Schubert

Unternehmensziel Wohlbefinden

Erfolg durch Werteorientierung und Mitarbeiterzufriedenheit

1. Auflage

Haufe Group
Freiburg · München · Stuttgart

Bibliografische Information der Deutschen Nationalbibliothek

Die Deutsche Nationalbibliothek verzeichnet diese Publikation in der Deutschen Nationalbibliografie; detaillierte bibliografische Daten sind im Internet über http://dnb.dnb.de/ abrufbar.

Print: ISBN 978-3-648-15738-1 Bestell-Nr. 10689-0001
ePub: ISBN 978-3-648-15739-8 Bestell-Nr. 10689-0100
ePDF: ISBN 978-3-648-15740-4 Bestell-Nr. 10689-0150

Dr. Ernst Fritz-Schubert
Unternehmensziel Wohlbefinden
1. Auflage, September 2021

www.haufe.de
info@haufe.de

Bildnachweis (Cover): © Stoffers Grafik-Design
Gestaltungskonzept/Design der Abbildungen: Rolf Schubert, Designer, Frankfurt am Main, rolfschubert@magenta.de

Produktmanagement: Noé, Bettina

Inhalt

Vorwort

Ein Unternehmensziel Wohlbefinden mag auf den ersten Blick irritierend wirken, werden doch eher betriebswirtschaftliche Kennzahlen als Zielgrößen für Unternehmen definiert als das Wohlbefinden der in der Unternehmung Beteiligten. Tatsächlich besteht jedoch zwischen dem Wohlbefinden der Beschäftigten und den betriebswirtschaftlichen Zielen der Unternehmen ein enger Zusammenhang. Der Einfluss der Arbeit auf das Wohlbefinden aller an der Produktion oder Dienstleistung Beschäftigten ist beträchtlich. Einkommen, Gesundheit, Familie, Partnerschaft und Hobbys sind zwar wichtig, aber nirgendwo verbringen die meisten Menschen mehr Zeit als bei der Ausübung ihres Berufes. Dabei können sie ihr Tätigsein als Lust oder Last empfinden. Dies beeinflusst nicht nur ihre individuelle Gefühlslage, sondern betrifft auch ihr Arbeitsumfeld und das Arbeitsergebnis und damit die betriebswirtschaftlichen Kennzahlen. Laut einer aktuellen Gallup-Untersuchung haben fast sechs Millionen Arbeitnehmer in Deutschland (16 Prozent) »innerlich gekündigt«, davon sind 650.000 wechselbereit und aktiv auf der Suche nach einem anderen Job. Die meisten Arbeitnehmer (69 Prozent) verrichteten Dienst nach Vorschrift (25,59 Millionen) und nur insgesamt 15 Prozent der Arbeitnehmer haben eine hohe emotionale Bindung an ihr Unternehmen und sind mit Herz und Hand dabei, wie es in der Gallup-Studie deutlich wird. (Tödtmann, 2019). Diese Zahlen machen deutlich, dass viele Mitarbeiter/-innen sich an ihrem Arbeitsplatz nicht wohlfühlen. Der dadurch entstehende volkswirtschaftliche Verlust wird jährlich mit über hundert Milliarden beziffert.

Gleichzeitig haben psychische Erkrankungen in den letzten zehn Jahren für die Arbeitswelt erheblich an Bedeutung gewonnen. Waren es früher vor allem Beschäftigungslose, die überproportional von psychischen Diagnosen betroffen waren, sind es im letzten Jahrzehnt die Berufstätigen, bei denen psychisch bedingte Fehlzeiten auffällig zunehmen. Die Gesundheitsstatistiken der Krankenkassen belegen, dass Krankschreibungen aufgrund psychischer Diagnosen vor allem seit dem Jahr 2006 kontinuierlich angestiegen sind. Innerhalb der DAK hat sich das Arbeitsunfähigkeitsvolumen aufgrund psychischer Erkrankungen in den letzten 20 Jahren mehr als verdreifacht und depressive Episoden sind zur drittwichtigsten Einzeldiagnose bei Arbeitsunfähigkeit aufgestiegen (Statista Research Departement, 2020). Aber was können Arbeitgeber dafür tun, dass ihre Mitarbeiter/-innen glücklicher und zufriedener werden? In seiner Rede vor den Absolventen der Stanford-Universität hat es Steve Jobs vor fünfzehn Jahren auf einen einfachen Nenner gebracht: »Der einzige Weg, um wirklich zufrieden zu sein, ist, etwas zu tun, von dem du überzeugt bist, dass es eine großartige Arbeit ist.« Klar brauchen Beschäftigte materielle Anreize, aber nur, wenn für sie das »Warum« und das »Wozu« geklärt sind, weitet sich ihr Blick über den eigenen Nutzen hinaus auf die Unternehmung als ihren »sinnerfüllenden Lebensschauplatz«.

Führungskräfte verfolgen deshalb nicht nur betriebswirtschaftliche Ziele, sondern sind zunehmend auch auf der Suche nach dem *Purpose*, dem Sinn des Unternehmens für Kunden, Mitarbeiter/-innen und Lieferanten. Das Bild vom »Homo oeconomicus«, des rational handelnden, nutzenorientierten Menschen, wird ergänzt durch neue Einsichten über die Motive, Bedürfnisse und Werte, die sein Verhalten bestimmen.

Im Unternehmen engelbert strauss GmbH & Co. KG, dessen Entwicklung in diesem Buch als praktisches Beispiel einen Schwerpunkt bildet, steht seit jeher der Mensch im Mittelpunkt. Alle Mitarbeiter/-innen arbeiten schon seit über 100 Jahren auf eine besondere Art zusammen. Firmengründer Engelbert und seine Frau Lina haben den besonderen Strauss Geist als Vorbilder durch ihre Persönlichkeiten ins Leben gerufen. Ihnen waren der familiäre Gedanke, die Werteorientierung und das Wohlbefinden jedes Einzelnen immer besonders wichtig. Sohn Norbert und Frau Gerlinde haben diese Einstellungen weiterentwickelt. Trotz der wachsenden Belegschaft haben sie es geschafft, die gelebte familiäre Unternehmenskultur aufrechtzuerhalten und für alle Mitarbeiter/-innen erlebbar zu machen. Steffen und Henning, die derzeitigen Geschäftsführer, leben den besonderen *Strauss Spirit* jeden Tag, deshalb ist es ihnen wichtig, diesen für alle greifbar und erfahrbar zu machen.

In den letzten Jahren ist das Unternehmen stark gewachsen, die Mitarbeiter/-innen verteilen sich räumlich immer mehr und weitere Standorte kommen hinzu. Um die neuen Herausforderungen erfolgreich zu bewältigen, gilt es mithilfe der Orientierung an Werten die Flügel der Strausse zu stärken.

Mithilfe einer Werte-Entwicklung und der anschließenden Erarbeitung und Einführung einer konsequenten werteorientierten Führung soll die Basis für eine von *Strauss-Werten* geprägte Unternehmenskultur gestärkt werden. Im gemeinsamen Miteinander der Belegschaft steigert sich das Wohlbefinden jedes Einzelnen und dadurch gedeiht das gesamte Unternehmen.

Ausgehend von diesem Verständnis werden nachfolgend auf der wissenschaftlichen Grundlage der neueren Forschungen zum Subjektiven und Psychologischen Wohlbefinden und der seelischen Gesundheit Möglichkeiten aufgezeigt, wie diese im Unternehmenskontext umgesetzt werden können.

1 Die Unternehmenskultur verändert sich

Immer mehr Verbraucher möchten Produkte von Unternehmen kaufen, die für Belange eintreten, die ihnen wichtig sind, das gilt in Bezug auf Nachhaltigkeit, Klimawandel, soziale Gerechtigkeit oder auch für die Gender-Frage. In Zukunft werden Unternehmen, die nicht glaubhaft vermitteln, dass durch sie die Welt ein bisschen besser wird, um ihre Marktpositionen bangen müssen (Weiguny, 2019). Auch in der Mitarbeiterführung zeichnen sich marktbedingte Veränderungen ab. Klassischerweise wurden Unternehmen eher hierarchisch von oben nach unten gegliedert und transaktional geführt. Transaktionale Führung beschreibt die zielgerichtete Leitung von Personen innerhalb einer Organisation über transparente und rationale Tauschprozesse. Die Arbeitsergebnisse werden durch Lohn und Gehalt honoriert, also menschliche Leistung gegen Geld getauscht. Das unterstellte Menschenbild sieht einen rational handelnden Mitarbeitenden, der sich aus rein finanziellem Kalkül engagiert. Angesichts der veränderten Bedingungen auf dem Arbeitsmarkt zugunsten der Arbeitnehmer wird es allerdings immer schwerer mit materiellen Leistungsanreizen geeignete und motivierte Mitarbeiter/-innen zu finden. Dazu kommt, dass die nachwachsende Belegschaft der sogenannten Generationen Y (Geburtsjahrgänge von 1982–1996) und Z (1997–2012) sehr selbstbewusst ist und nicht nur selbst Haltung zeigen möchte, sondern dies auch von ihren Führungskräften erwartet. Bei Google haben vor ein paar Jahren 20.000 Mitarbeiter/-innen die Arbeit niedergelegt, um gegen sexuelle Belästigung und für die »*Me Too*«-Bewegung einzutreten (Drösser, 2018). Beim Cloud-Anbieter Salesforce haben Hunderte Mitarbeiter/-innen ihren CEO aufgefordert, die Verträge mit der »Border Patrol Agency« aufzulösen, nachdem Familien an der Grenze zu Mexiko grausam getrennt worden waren. Das sind ganz neue Formen der Beteiligung der Belegschaft an Entscheidungsprozessen. Wenn die Beschäftigten bestimmen, mit wem sie Geschäfte machen und für welche Werte das Unternehmen steht, dann entsteht in diesen eine Art Mitarbeiter-Demokratie, die auch die Führungsebene betrifft. Die Unternehmensführung ist dadurch gefordert, z. B. für bestimmte Personengruppen einzutreten, aktiv den Klimaschutz zu fördern oder gesunde Lebensgewohnheiten zu fördern. Der Zeitgeist hat sich verändert.

Die Menschen sind heute individueller denn je. Jeder Einzelne besinnt sich mehr auf sich selbst und fragt sich, was zu ihm persönlich passt und was ihm weiterhilft. Die veränderte Anspruchshaltung insbesondere der jüngeren Generationen führt zu neuen Herausforderungen der Personalführung. Altbewährte und tradierte Führungskonzepte müssen neu überdacht und an die veränderten Bedingungen angepasst werden.

Berater und Coaches empfehlen den Unternehmensleitungen, ihre Rahmenkonzepte und konkrete Verhaltensweisen neu zu durchdenken und auf eine Belegschaft zu setzen, die neben Lohn und Gehalt auch aus innerer Überzeugung und Verbundenheit im Unternehmen tätig ist.

! *Schnellcheck:*

- *Verbraucher kaufen vermehrt von Unternehmen mit ethischen Grundsätzen.*
- *Führungskräfte müssen Stellung zu gesellschaftlichen Fragen beziehen.*
- *Für die Generation Y und Z braucht die Personalführung neue Konzepte.*

2 Unternehmen auf Sinnsuche

2.1 Charismatische Sinnstifter gesucht

Unter dem Begriff *Purpose* sollen Bedeutsamkeit und Sinn der beruflichen Tätigkeit in der Unternehmung vermittelt werden, die über das reine nutzenorientierte Streben hinausgehen. Die Führungskräfte sind deshalb gefordert, eine kollektiv sinnstiftende Beschreibung der Tätigkeit zu entwickeln, die die Mitarbeiter/-innen emotional anspricht und zu hoher Identifikation und Motivation führt (Babcock-Roberson & Strickland, 2010). Um die tiefgreifenden Veränderungen im Denken und Handeln der Mitarbeiter/-innen zu erreichen, soll eine charismatische *Führung* immer wieder dazu anregen, bestehende Denkmodelle, Normen und Sichtweisen infrage zu stellen.

Charismatische Leader verfügen über großes Selbstvertrauen und strahlen das aus. Sie haben eine klare Vorstellung von der Zukunft ihrer Organisation. Durch ihre starken kommunikativen Fähigkeiten finden sie zudem die richtigen Worte und Symbole, um ihre Erwartungen an die Mitglieder der Organisation nachhaltig zu vermitteln. Dabei setzen sie auf ihre Vorbildfunktion und überzeugen die Zuhörerschaft nicht nur rational, sondern auch emotional.

Apple-Gründer Steve Jobs wird folgender Satz zugeschrieben: »Menschen müssen durch Ideen überzeugt werden, nicht durch Hierarchien.« Larry Page, Elon Musk, Mark Zuckerberg und viele andere Unternehmer versuchen deshalb ihre Mitarbeiter/-innen und Kunden für neue und unbekannte Visionen zu begeistern. So sollen private Missionen im Weltall neue Horizonte eröffnen. Mit Facebook können Menschen aus verschiedenen Kulturen näher zusammenrücken und mit Google kann das Wissen weltweit erweitert werden. Alle genannten Visionen sollen direkt oder indirekt »sinnstiftend« einen Beitrag für eine bessere Welt leisten.

2.2 Rahmenbedingungen für Sinnerleben schaffen

Grundsätzlich bleibt festzuhalten, dass der Sinn im Leben subjektiv ist und sich im Laufe der Zeit verändern kann. Der Sinn wird deshalb nicht gestiftet, sondern von jedem Einzelnen auf seine individuelle Art und Weise gefunden. Junge Mitarbeiter/-innen finden ihren Sinn auf andere Weise als langjährige Betriebsangehörige oder ältere Mitarbeiter/-innen. Auch Männer und Frauen haben unterschiedliche Zugänge bei der Sinnfindung. Zudem gilt es, die private und familiäre Situation zu berücksichtigen, um auf das Sinnerleben in der Familienplanung oder in der Pflege von Angehörigen einzugehen.

Unternehmen können deshalb bestenfalls Rahmenbedingungen schaffen, die das Sinnerleben für Mitarbeiter/-innen und Konsumenten ermöglicht. Um dies zu erreichen, müssen sie sich ihrer Verantwortung als Treiber wirtschaftlicher und gesellschaftlicher Veränderungsprozesse bewusst werden. Als bedeutsame Akteure auf den Märkten befriedigen sie nämlich nicht nur materielle Bedürfnisse, sondern übersetzen die hinter diesen Bedürfnissen stehenden individuellen und kollektiven Wünsche und Sehnsüchte in konkrete Produkte und Dienstleistungen. Mit diesem Potenzial können sie Haltungen und Einstellungen der Belegschaft und der Verbraucher beeinflussen. Mit ihren finanziellen und personellen Ressourcen sind Unternehmen darüber hinaus in der Lage, nachhaltige Veränderungsprozesse in Wirtschaft und Gesellschaft anzustoßen. Unternehmen könnten somit quasi als Pioniere mit einer systemischen Brille Kosten, Nachfrage und Produkte als Aktionsparameter betrachten, um damit die Ziele eines im Unternehmen vereinbarten Wertekonsenses zu realisieren.

2.3 Das Unternehmen als soziales System

Galt das Unternehmen in der Vergangenheit als ein vorwiegend ökonomisch-technisches Gebilde mit dem betriebswirtschaftlichen Ziel, die Produktionsfaktoren Mensch, Betriebsmittel und Werkstoff optimal zu kombinieren, so steht jetzt eine komplexere Betrachtungsweise im Vordergrund. Neben der berechenbaren optimalen Kombination der Produktionsfaktoren gilt es, eine Vielzahl von internen und externen Einflussgrößen zu berücksichtigen. Dabei muss auch das Bild eines Mitarbeiters als »Homo oeconomicus«, der rational handelt und quantitativ messbar ist, angepasst werden.

Im Verständnis des Unternehmens als wirtschaftliches und soziales System werden die Beschäftigten als selbstbestimmte Individuen betrachtet, die im Produktionsprozess qualitativ und quantitativ miteinander agieren, um den Bestand und die Weiterentwicklung der gesamten Unternehmung zu stützen. Das gelingt, wenn jeder Einzelne die Aktivitäten für sich und die übrigen Beteiligten des Systems als tauglich bzw. sinnvoll bewertet (Luhmann, 1984). Im Sinne Luhmanns würden an die Stelle konservativer, hierarchischer Führungsstile und positionsgebundener Weisungsmacht ein aufgabenorientiertes Organisationssystem treten, das als »Supportive Leadership« die einzelnen Mitarbeiter/-innen fördert und selbstorganisierte Teams unterstützt, um durch optimalen Ressourceneinsatz und effiziente Prozesssteuerung die komplexen Aufgabenstellungen zu lösen und die vereinbarten Ziele zu realisieren (Kammel & Hentze, 1996). Das Unternehmen würde so selbst zu einem sozialen System, in dem auf unterschiedlichen Ebenen gemeinschaftliche, individuelle und unternehmerische Werte und Ziele gefunden und realisiert werden. Diese systemorientierte kollektive Sichtweise würde dadurch zugleich auch die lösungsorientierte Zusammenführung unterschiedlicher ökonomischer, institutioneller und ökologischer Interessen ermöglichen und die Identifikation der Mitarbeiter/-innen mit dem Unternehmen fördern.

Eine solche Form von Führung als Leadership steht im Kontrast zu einem Verständnis des nutzenmaximierenden Managements, das nicht das Beste, sondern das Meiste aus Mensch und Organisation herausholen möchte. Untersuchungen belegen, dass ein solches Führungsverständnis den Unternehmenserfolg erhöhen kann. Eine Studie des Bundesarbeitsministeriums belegt, dass eine mitarbeiterorientierte Unternehmensführung bis zu 31 Prozent des Unternehmensgewinns ausmacht. Die Studie weist auf den signifikanten Zusammenhang zwischen Mitarbeiterengagement und Unternehmenserfolg hin (Hauser, Schubert & Aichner, 2006).

Diese besonders engagierten Mitarbeiter/-innen sind loyal, lern- und leistungsbereit, übernehmen Verantwortung, beweisen Teamgeist, denken unternehmerisch und arbeiten diszipliniert an der Umsetzung der Unternehmensziele. Dass solche Mitarbeiter/-innen keine Wunschvorstellungen bleiben, sondern Realität werden, setzt voraus, dass sich der Horizont des unternehmerischen Handelns erweitert. Es reicht nicht, von einer rein nutzenorientierten Anpassung an die Marktgegebenheiten auszugehen. Vielmehr verlangt es von allen Beteiligten eine positive und menschenorientierte Grundhaltung sowie eine systemische Sicht auf das Unternehmen in seiner Komplexität und auf seine Rolle in der Gesellschaft.

Schnellcheck: !

- *Charismatische Leader haben Visionen, sind kommunikativ und sind Vorbilder.*
- *Sinn wird nicht gestiftet, sondern von jedem Einzelnen gefunden.*
- *Unternehmen müssen Rahmenbedingungen für die Sinnfindung schaffen.*
- *Aufgabenorientierte Organisationssysteme statt hierarchischer Führung.*
- *Es besteht ein signifikanter Zusammenhang zwischen Mitarbeiterorientierung und Unternehmenserfolg.*

3 Grundlagen zum Unternehmensziel Wohlbefinden

3.1 Unternehmen als Musterbrecher des konservativen Systemverständnisses

Die Erweiterung des Blickwinkels vom nutzenmaximierenden Management hin zu einem Leadership, das die unterschiedlichen Interessen der Beteiligten am Wertschöpfungsprozess der Unternehmung berücksichtigt und zusammenführt, ist nicht einfach. Solche Veränderungen brauchen unternehmerischen Mut und Engagement, denn bestehende Regeln, Normen und Weltanschauungen des traditionellen soziotechnischen Regimes geben eine stabile Struktur vor, die Sicherheit verspricht und deshalb systemerhaltend wirkt. Umso wichtiger ist die Bedeutung der Pionierarbeit einzelner Unternehmen, die mit Experimenten kleinschrittig die Vorzüge einer veränderten Unternehmenskultur dokumentieren. Dafür bieten sich vielfältige Möglichkeiten. Durch beispielhafte Unternehmenskultur, mitarbeiterorientierte Führung, Nachhaltigkeitskonzepte oder innovative Produkte und Dienstleistungen können Unternehmen erfolgreiche Alternativen zu dominierenden Produktions- und Konsummustern schaffen. »Damit ein Ausscheren aus der kulturell verankerten Praxis möglich wird, müssen die Übergänge niedrigschwellig und kleinschrittig sein. Es geht um Beispiele, um übertragbare Projekte, die von Pionieren/-innen geschaffen werden und ausstrahlen« (Adler & Schachtschneider, 2010). Vielleicht meinte Dieter Zetsche diesen Pioniergeist, als er bei seiner Verabschiedung 2019 in seiner »letzten Bilanz« seinem Nachfolger zurief, dass er die Suche nach dem *Purpose*, die Frage nach dem Sinn, vollenden solle. Was er wirklich damit meint, darüber lässt sich sicherlich streiten. Dennoch fördern die Rufe nach *Purpose* seitens vieler Unternehmensleitungen zumindest den längst fälligen Diskurs über die Notwendigkeit eines an immateriellen Werten orientierten Handelns in Wirtschaft und Gesellschaft. Die Zeit scheint reif zu sein, eigenes und gesellschaftliches Handeln nicht nur über Quantifizierung von Gewinn, Lohn und Preis zu definieren, sondern die vielfältigen Handlungsmöglichkeiten der Unternehmen und ihrer Mitarbeiter/-innen als Quelle von Wohlbefinden und Zufriedenheit zu ergründen. Unverkennbar wächst nicht nur in der Jugend und in extremen Gruppierungen, sondern auch in Politik und Gesellschaft allmählich das Bewusstsein, dass die ökologischen Grenzen des materiellen Wachstums längst überschritten wurden und eine Umkehrung dringend geboten ist. Es mehren sich die Stimmen, die den Erfolg einer Unternehmung nicht nur an ökonomischen, materiellen Maßstäben und die Lebensqualität eines Landes nicht nur über das Bruttoinlandsprodukt und die damit verbundenen pekuniären Größenordnungen definieren möchten. Offensichtlich machen immer mehr materieller Besitz und Geld die Menschen nicht glücklicher, sondern unzufrieden. Das führt zu den Fragestellungen: Welche Bedürfnisse haben

Menschen wirklich und wie können sie ihre Bedürfnisse tatsächlich befriedigen? Und was hat das Ganze mit Wohlbefinden zu tun?

3.2 Grundlagen der Forschung zum Wohlbefinden

Das Subjektive Wohlbefinden

Natürlich hat jeder Mensch seine ganz eigenen Vorstellungen von Wohlbefinden, wie es entsteht und bewahrt werden kann. Dennoch gibt es zum Begriff des Wohlbefindens auch allgemeingültige Grundlagen und auf diesen aufbauende, weitreichende Forschungen.

Die World Health Organization (WHO) definiert Gesundheit als »Zustand des vollständigen körperlichen, geistigen und sozialen Wohlergehens« und nicht nur als Fehlen von Krankheit oder Gebrechen. Sie spiegelt damit das Konzept der gesundheitsbezogenen Lebensqualität wider. Sie unterstreicht damit auch den subjektiven Charakter des Wohlbefindens (WHO, 1946).

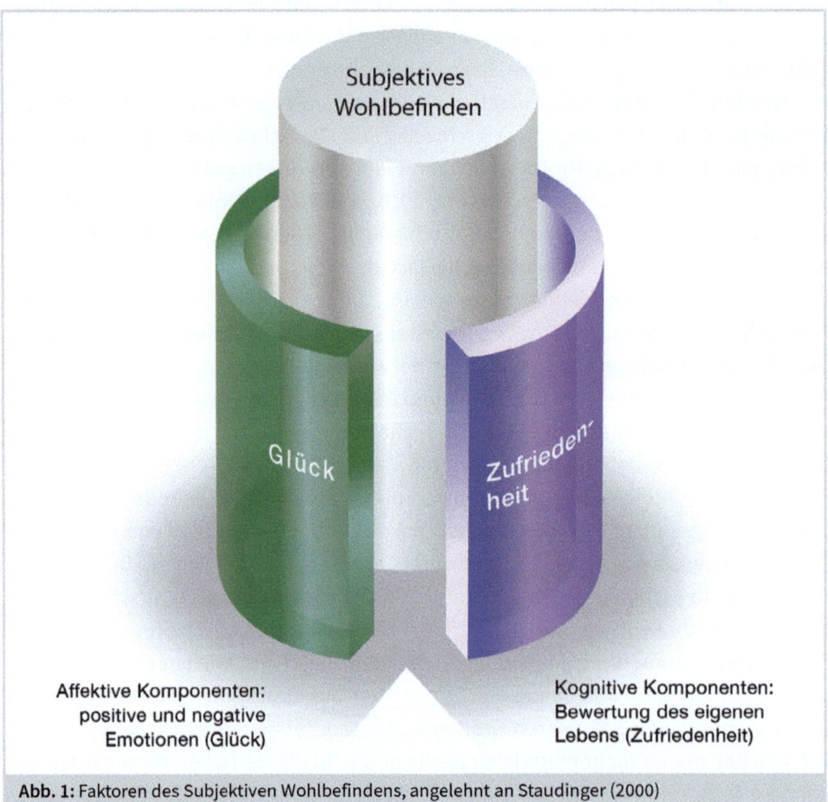

Abb. 1: Faktoren des Subjektiven Wohlbefindens, angelehnt an Staudinger (2000)

Unter dem Begriff des Subjektiven Wohlbefindens werden in der Psychologie voneinander abgrenzbare Komponenten zusammengefasst. Dazu gehören die Bewertungen des eigenen Lebens sowie das Verhältnis von angenehmen und unangenehmen physischen und psychischen Empfindungen. Es handelt sich somit um die subjektiven Empfindungen und Einschätzungen einer Person, daher hat sich der Begriff *Subjektives Wohlbefinden* eingebürgert. Staudinger (2000) unterteilt das Subjektive Wohlbefinden in eine kognitive und zwei affektive Komponenten. Die kognitive Komponente umfasst die Lebenszufriedenheit, also die allgemeine Bewertung des eigenen Lebens, während die affektiven Komponenten das Gefühl des Wohlbefindens, also des Glücks, widerspiegeln. Die affektiven Komponenten werden unterteilt in positive und negative Emotionen und Stimmungen. Zu den positiven affektiven Komponenten zählen Freude, Liebe, Stolz, Entspannung und gehobene Stimmung, zu den negativen Komponenten Angst, Scham, Traurigkeit, Nervosität und gedrückte Stimmung (Lischetzke & Eid, 2005).

Die Broaden-and-Build-Theorie von Barbara Fredrickson

Barbara Fredrickson hat in der Studie »Broaden-and-Build Theory of Positive Emotions« (Fredrickson, 1998; 2013) die Wirkungen und Folgen positiver und negativer Emotionen erforscht. Sie kommt in ihren Untersuchungen zu zwei bemerkenswerten Erkenntnissen:

Erstens, dass positive Emotionen wie Freude, Interesse und Zufriedenheit das momentane Gedanken-Handlungs-Repertoire eines Individuums vergrößern. Damit ist die Erweiterung momentaner denkbarer alternativer Handlungsmöglichkeiten gemeint. Durch positive Emotionen werden nach Fredricksons Meinung Gedanken ausgelöst, die ungewöhnlich flexibel, kreativ, integrierend und effizient sind. So weckt Freude den Drang zu spielen, Interesse weckt den Drang zu erforschen, Zufriedenheit weckt den Drang zu genießen und zu integrieren und Liebe löst einen wiederkehrenden Zyklus aus, enge Beziehungen einzugehen. Im Gegensatz dazu würden negative Emotionen wie z. B. Wut oder Angst durch die evolutive Prägung des Menschen zu verengten Denkweisen und Handlungstendenzen wie Angriff oder Flucht führen.

Zweitens würde nach Fredricksons Meinung durch die Erweiterung des momentanen Gedanken-Handlungs-Repertoires eines Individuums die Entdeckung neuartiger und kreativer Handlungen, Ideen und sozialer Bindungen angeregt. Dies würde nicht nur unmittelbare Anpassungseffekte auslösen, sondern auch zum dauerhaften Aufbau persönlich nützlicher Ressourcen führen. Die zusätzlich erworbenen Ressourcen würden als Reserven fungieren, die später genutzt werden können, um die Chancen auf erfolgreiche Bewältigung und Überleben zu verbessern.

Die nachfolgende Grafik verdeutlicht Fredricksons Erkenntnis der Aufwärtsspirale. Sie zeigt, wie positive Emotionen das Bewusstsein erweitern und neue kreative Gedanken und Handlungen fördern. In der Folge könnten auf diese Weise das Verhaltensrepertoire erweitert sowie Fähigkeiten und Ressourcen aufgebaut werden. Auf der Grundlage bereits bestehender und neu hinzukommender positiver Emotionen entstünde eine dynamische Aufwärtsspirale positiver Emotionen und Ressourcenerweiterung.

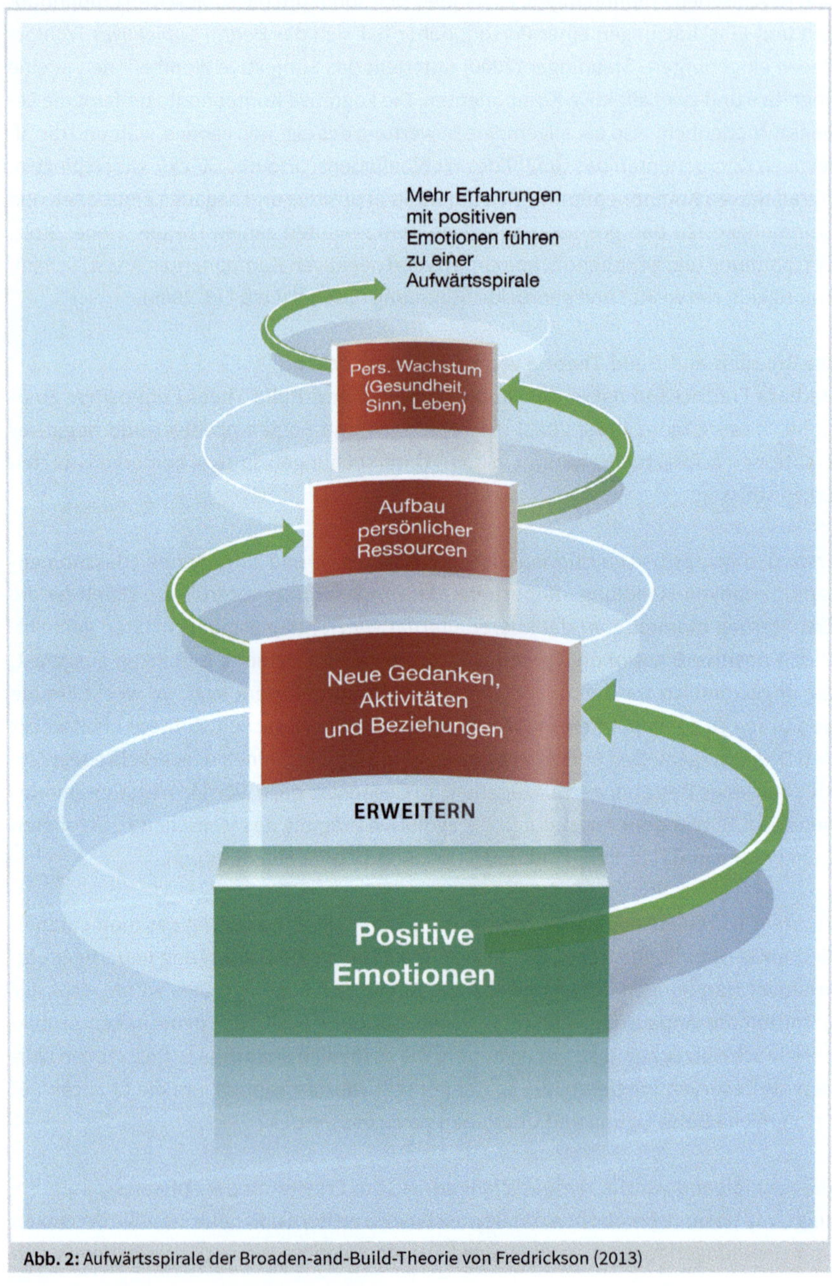

Abb. 2: Aufwärtsspirale der Broaden-and-Build-Theorie von Fredrickson (2013)

Folgt man der Logik von Fredrickson, müsste umgekehrt durch überwiegend negative Emotionen das Gedanken-Handlungs-Repertoire eines Individuums eingeschränkt werden. Die Individuen würden dann nicht nur die physischen, sondern auch die sozialen und psychischen Ressourcen abbauen. Dies könnte auch als neurobiologischer Vorgang erklärt werden. Negative Emotionen als Folge von sozialer Demütigung, Überforderung, Gruppenausschluss u. ä., können negative Stressreaktionen auslösen, wodurch körpereigenes Cortisol freigesetzt wird, das auf Dauer die Nervenenden im Cortex (Großhirnrinde) schädigt und sogar bereits erworbene positive und lösungsorientierte Verhaltensweisen und damit Ressourcen löscht.

Den rechnerischen Zusammenhang zwischen Wohlbefinden und dem Auftreten positiver und negativer Emotionen erklärt Fredrickson gemeinsam mit dem Psychologen Losada durch den Losada-Quotienten. Dieser Quotient kann nach Meinung der beiden Autoren als Bestimmungsfaktor für das Wohlbefinden und gutes Gedeihen gedeutet werden (Fredrickson & Losada, 2011)

In einer Untersuchung mit 188 Teilnehmerinnen und Teilnehmern gelangen die beiden Autoren zu der Auffassung, dass Menschen, deren Verhältnis von positiven zu negativen Emotionen größer als 2,9 ist (sog. Losada-Quotient), sich psychisch und physisch wohlfühlen und aufblühen. Fredrickson und Losada behaupten weiter, dass es möglich wäre über allgemeine mathematische Prinzipien die Beziehungen zwischen positiven Affekten und menschlichem Gedeihen zu beschreiben. Wie valide der sogenannte Losada-Quotient ist, darüber lässt sich sicherlich streiten. Dennoch erscheint es plausibel, dass ein Übergewicht von positiven zu negativen Emotionen das Wohlbefinden steigert und gesundheitsfördernd wirkt. Die wichtigste Frage in diesem Kontext ist allerdings, wie positive Emotionen entstehen und nachhaltig das Wohlbefinden stärken können.

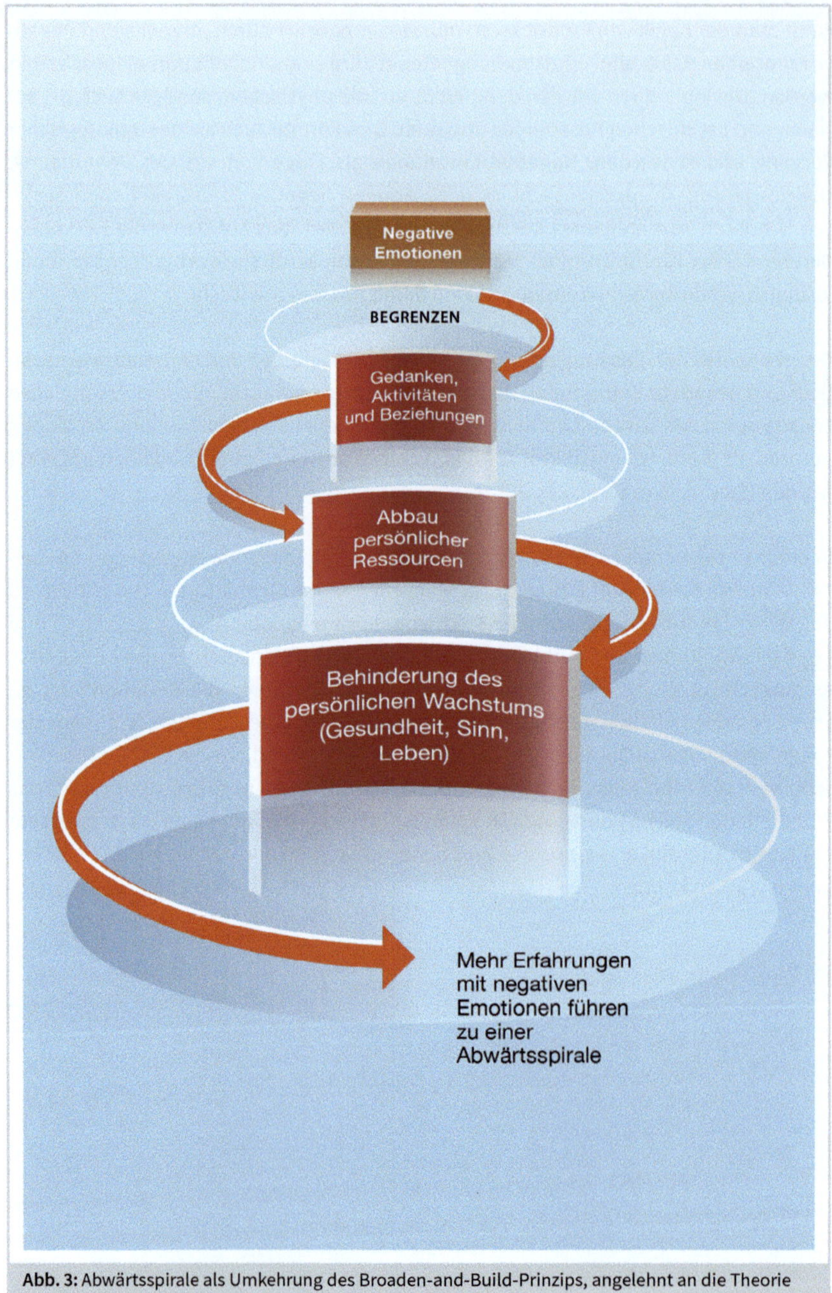

Abb. 3: Abwärtsspirale als Umkehrung des Broaden-and-Build-Prinzips, angelehnt an die Theorie von Fredrickson (2013)

Bedürfnisbefriedigung als Schlüssel eines nachhaltigen Wohlbefindens
In der humanistischen Persönlichkeitstheorie wird dem Zusammenhang zwischen Bedürfnisbefriedigung und Wohlbefinden nachgegangen (Deci & Ryan, 1993). Die Theorie geht von einem urtümlich evolutionär verankerten Antriebssystem der Menschen aus, das der Befriedigung physiologischer und psychologischer Bedürfnisse dient und für die Selbsterhaltung und Optimierung lebender Organismen sorgt. Demnach verursachen die angeborenen Antriebskräfte unterschiedliche motivationale Handlungsbereitschaften. Physiologische Grundbedürfnisse wie Hunger oder Durst führen in der Regel zu einem zeitnahen instinktiven Verhalten, das den durch einen Mangel hervorgerufenen Zustand beruhigen soll. Dieser Theorie zufolge bezieht sich das fundamentale Antriebssystem aber nicht nur auf die kurzzeitige existenzielle physische Lebenserhaltung, sondern dient als übergeordnete Zielkategorie auch für die Befriedigung der angeborenen und im Verlauf des Lebens entstandenen psychischen Bedürfnisse. Natürlich sind diese Bedürfnisse individuell unterschiedlich stark ausgeprägt, dennoch gibt es durch die evolutionäre Prägung der Menschen universelle Bedürfnisse. Dazu gehören sicherlich das Freiheits- und Sicherheitsstreben sowie die durch die Vernunft geprägte Sinnsuche der Menschen. Werden diese psychischen Grundbedürfnisse – unabhängig von der tatsächlichen Sachlage – als unbefriedigt empfunden, können negative Emotionen entstehen. So kann der Verlust von körperlicher oder geistiger Freiheit Wut auslösen, die in Aggression mündet. Der vermeintliche oder tatsächliche Verlust von Sicherheit und Geborgenheit, z. B. im Falle einer drohenden Kündigung, kann ein Gefühl von Angst erzeugen. Das Scheitern einer Beziehung, eines Vorhabens oder der Tod eines Familienangehörigen kann zu Sinnverlust verbunden mit Traurigkeit, Resignation und depressiven Stimmungen führen. Das alles kann – aber wie gesagt, muss nicht – zu negativen Emotionen führen. Es wird vom Einzelnen abhängen, was er oder sie empfindet. Jeder Mensch hat eine ganz eigene emotionale Befindlichkeit und Empfindlichkeit, die von seinen Einstellungen und Haltungen in der Wahrnehmung und im Umgang mit unbefriedigten Bedürfnissen geprägt ist. Umgekehrt kann sich durch die Befriedigung psychischer Bedürfnisse auch kurzzeitiges oder dauerhaftes Wohlbefinden einstellen. Freiheit, insbesondere die Zurückgewinnung von Freiheit, kann bei Mensch und Tier geradezu euphorische Glücksgefühle auslösen. Die Sicherheit und Geborgenheit in der Familie, aber auch am Arbeitsplatz erwecken Gefühle der wohltuenden Ruhe und inneren Harmonie. Je stärker das eigene Verhalten zur Befriedigung der Grundbedürfnisse beiträgt, desto mehr entstehen positive Emotionen, die nach der Broaden-and-Build-Theorie zu einer Steigerung der Kreativität, des Problemlöseverhaltens und des Durchhaltevermögens führen. Es lohnt sich deshalb weiter der Frage nachzugehen, ob es neben den Grundbedürfnissen nach Freiheit, Sicherheit und Sinn noch andere Bedürfnisse gibt und welche Wirkungen Bedürfnisbefriedigung insgesamt auf das Wohlbefinden hat.

3.3 Die Bedeutung des Psychologischen Wohlbefindens

Aus dieser Fragestellung entstand das Konzept des Psychologischen Wohlbefindens in den 80er-Jahren. Ausgangspunkt war die Kritik an den bestehenden Konzepten zur Bestimmung des Subjektiven Wohlbefindens. Ryff (1989; 2002) bemängelte vor allem das Fehlen theoriegeleiteter Herangehensweisen. Dadurch blieben wichtige Aspekte des »psycological functioning«, der psychischen Funktionsfähigkeit, unbeachtet. Außerdem wird ihrer Meinung nach essenziellen Faktoren des Wohlbefindens zu wenig Aufmerksamkeit geschenkt. Aus den theoretischen Diskussionen über erfolgreiches Altern, positives Funktionieren und normale menschliche Entwicklung hat sie deshalb ein alternatives, multidimensionales Konstrukt des Psychologischen Wohlbefindens erstellt. Dieses sieht das Wohlbefinden im Kontext menschlicher Entwicklung und als Bewältigung existenzieller Herausforderungen des Lebens: Das multidimensionale Modell des Wohlbefindens (»positive psychological functioning«) umfasst folgende sechs Dimensionen: Autonomie, positive Beziehungen zu anderen, Lebenssinn, Selbstakzeptanz, persönliches Wachstum und Umweltbewältigung. Die von Ryff (ebd.) erforschten sechs Bedürfnisse können auch als Dimensionen verstanden werden, durch deren Befriedigung Wohlbefinden ausgelöst wird. Der Mensch strebt bedingt durch die Evolution nach Autonomie, positiven Beziehungen und Lebenssinn. Er möchte Herausforderungen bewältigen, sich weiterentwickeln und mit sich selbst im Reinen sein. Da das für den privaten und beruflichen Bereich gleichermaßen gilt, sollte sich für das Unternehmensziel Wohlbefinden der Fokus auf die von Ryff genannten Dimensionen richten. Ryffs Forschungsergebnisse belegen, dass Menschen mit starker Ausprägung in den einzelnen Dimensionen ihre Bedürfnisse besser befriedigen und sich dadurch auch wohler fühlen, als die mit niedriger Ausprägung. Ihre Untersuchungsergebnisse beziehen sich auf die nachfolgenden Bedürfnisse.

Autonomie:

Personen mit hohen Werten bestimmen ihren eigenen Weg mit eigenen Zielen und Werten. Sie sind eigenständig und in der Lage, sozialem Druck standzuhalten. Personen mit niedrigen Werten orientieren sich an den Erwartungen und Bewertungen anderer, sind besorgt und passen sich dem Erwartungsdruck des sozialen Umfeldes an.

Positive Beziehungen zu anderen:

Personen mit hohen Werten pflegen zufriedenstellende und vertrauensvolle Beziehungen zu anderen Menschen. Sie besitzen starke Empathiefähigkeiten und sind zu großer Zuneigung und Intimität fähig. Sie finden in menschlichen Beziehungen die Balance zwischen Geben und Nehmen. Personen mit niedrigen Werten haben wenige vertrauensvolle Beziehungen und sind wegen fehlender Kompromissbereitschaft kaum in der Lage, wichtige Beziehungen aufrechtzuerhalten.

Lebenssinn:

Personen mit hohen Werten führen ein zielgerichtetes Leben und sind davon überzeugt, dass das vergangene und gegenwärtige Leben eine Bedeutung hat. Personen mit niedrigen Werten haben dagegen wenige Ziele, sind weniger zielstrebig und erleben ihr Leben als weniger sinnvoll.

Selbstakzeptanz:

Personen mit hohen Werten besitzen eine positive Haltung gegenüber sich selbst, erkennen sowohl ihre guten als auch ihre schlechten Eigenschaften und können diese für sich annehmen. Auf die Vergangenheit bezogen, haben sie eine positive Einstellung. Personen mit niedrigen Werten dagegen neigen zur Unzufriedenheit, sind von sich und dem Erleben in der Vergangenheit enttäuscht und wünschen sich, anders zu sein.

Persönliches Wachstum:

Personen mit hohen Werten erleben sich in einer ständigen Weiterentwicklung. Sie erkennen ihre Potenziale und sind offen für neue Erfahrungen. Sie reflektieren ihr Verhalten und erkennen ihre persönlichen Entfaltungsmöglichkeiten. Personen mit niedrigen Werten leiden unter dem Gefühl des persönlichen Stillstandes und fühlen sich nicht in der Lage, neue Einstellungen und Verhaltensweisen zu entwickeln.

Umweltbewältigung:

Personen mit hohen Werten verfügen über die notwendigen Kompetenzen, um sich den Herausforderungen der Umgebung zu stellen. Sie sind in der Lage, die sich aus dem Umfeld ergebenden Chancen entsprechend ihrer Bedürfnisse und Werte zu nutzen. Personen mit niedrigen Werten haben Schwierigkeiten, alltägliche Dinge zu bewältigen. Ihnen fehlt die Kompetenz zur Kontrolle ihrer Umgebung. Sie fühlen sich außerstande, ihr Umfeld zu verändern oder zu verbessern und sich ergebende Möglichkeiten für sich zu nutzen.

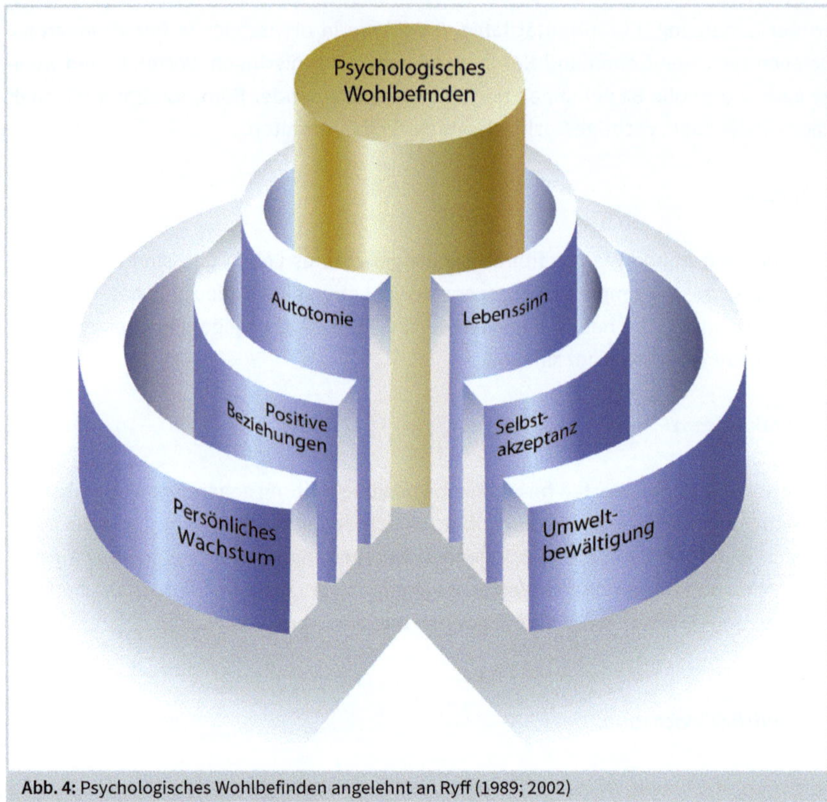

Abb. 4: Psychologisches Wohlbefinden angelehnt an Ryff (1989; 2002)

3.4 Das Konzept des Flourishing

Flourishing (aufblühen) bezieht sich auf gutes menschliches Gedeihen. *Flourishing* als psychologisches Konzept wurde von Corey Keyes und Barbara Fredrickson entwickelt. Keyes arbeitete mit Carol Ryff zusammen, um ihr Sechs-Faktoren-Modell des psychologischen Wohlbefindens zu testen und veröffentlichte (Keyes, 2002) einen Artikel über das Kontinuum der psychischen Gesundheit, das diese eher positiv als durch das Fehlen einer psychischen Erkrankung misst. *Flourishing* beschreibt Menschen, die nicht psychisch krank sind, über eine lebendige Emotionalität verfügen und persönliche und externe Anforderungen im Leben gut meistern können. Es beinhaltet sowohl das Subjektive Wohlbefinden als positive Grundstimmung mit Glück und Zufriedenheit als auch die sechs Dimensionen im Sinne des Psychologischen Wohlbefindens von Ryff (1989, S. 1069–1081). Keyes (2005, S. 542) hat das Psychologische Wohlbefinden, wie es von Ryff beschrieben wurde, durch weitere fünf Aspekte des sozialen Wohlbefindens ergänzt.

Die Ergänzungen sind:

- *soziale Akzeptanz* als positive Einstellung und Toleranz zu menschlichen Unterschieden,
- *soziale Aktualisierung* als Überzeugung, dass der Einzelne und die Gesellschaft das Potenzial haben, sich zu entwickeln,
- *sozialer Beitrag* als individuelle Bewertung, dass das eigene Leben für die Gesellschaft nützlich ist und der eigene Beitrag von anderen Menschen wertgeschätzt wird,
- *soziale Kohärenz* als Interesse an der Gesellschaft und die Überzeugung, dass gesellschaftliche Abläufe logisch, vorhersagbar und bedeutsam sind,
- *soziale Integration* als Gefühl, sich zur Gesellschaft zugehörig zu fühlen und von ihr Unterstützung zu erhalten.

Um ein umfassendes Bild des Wohlbefindens der Bevölkerung zu erhalten und vielleicht auch Maßnahmen zu ergreifen, reicht die Fragestellung, wie viele Menschen ihr Leben erfreulich finden und es im Sinne des *Flourishing* gut gestalten, nicht aus. Die Wohlbefindensforschung befasst sich deshalb mit zwei weiteren Gruppen. Dazu gehören die Menschen, die eine moderate seelische Gesundheit aufweisen sowie die Bevölkerungsteile, die einen großen Mangel an Lebensfreude und positiver Lebenseinstellung empfinden und eine lust- und freudlose Erdulderrolle übernommen haben und vielleicht psychotherapeutische Unterstützung benötigen.

Auf der Basis der zwei Dimensionen des Subjektiven Wohlbefindens, der sechs Dimensionen des Psychologischen Wohlbefindens und den ergänzten fünf Dimensionen des sozialen Wohlbefindens wurde im Rahmen einer Studie (MIDUS, Midlife of the United States, vgl. Keyes, 2005, S. 544 ff.) im Jahre 1995 ein Fragenkatalog entwickelt und durch die MacArthur Foundation eine repräsentative Untersuchung mit 3.032 Erwachsenen zwischen 25 und 74 Jahren durchgeführt. Die Autoren bildeten drei Gruppen von Menschen. Erstens, die Gruppe, die sie mit dem Zustand des *Languishing* beschreiben. Das sind Menschen, die sich matt und erlahmt fühlen und deren subjektives Wohlbefinden sehr niedrig ist. Zweitens, die Gruppe mit einer moderaten seelischen Gesundheit, die sie mit *moderately mentally healthy* beschreiben. Drittens, die Gruppe, die die Bedingungen des *Flourishing*, des guten Gedeihens, erfüllen. Die Auswertung ist in vielfacher Hinsicht sehr interessant (vgl. Keyes, 2005, S. 544 ff.) Sie macht deutlich, dass der größte Teil der Befragten dieser Studie sich zwar wohlfühlt, sich aber nur 18 Prozent im Zustand des *Flourishing* befanden, also wirklich vollkommen seelisch gesund waren und aufblühten. Das ist insofern wichtig, weil für die florisierende Gruppe das Risiko, unter Depression, Angstzuständen, Alkoholabhängigkeit oder Panikstörungen zu leiden, um ein Vielfaches geringer war als bei der Gruppe mit psychischen Mangelzuständen (*Languishing*). Auch gegenüber der Gruppe, die sich moderat seelisch gesund fühlte, konnte ein deutlicher Unterschied in Bezug auf das Risiko, psychisch zu leiden, festgestellt werden. Außerdem wurde durch die Untersuchung deutlich, dass die vollkommene seelische Gesundheit (*completely mentally healthy*) dazu beiträgt, sich gegenüber Krisen und Krankheiten als resilienter (widerstandsfähiger) zu empfinden, sich geborgener mit Familie oder Freunden zu fühlen, weniger den Eindruck von Hilflosigkeit zu haben und sich Ziele setzen zu können. Die Untersuchungsergebnisse können als Hinweis dafür gedeutet werden, wie wichtig die Beachtung der Dimensionen der seelischen Gesundheit und des *Flourishing* für die Realisierung gesundheitsrelevanter Zielsetzungen im Unternehmen ist. Die Arbeiten von Ryff und Keyes waren auch richtungsweisend für ein erweitertes Verständnis der psychologischen Forschung.

3.5 Die Positive Psychologie und Martin Seligmans Verständnis von Flourishing

Der Begründer der Positiven Psychologie, Martin Seligman, bemängelt, dass sich die psychologische Praxis und Forschung in der Vergangenheit eher mit negativen Seiten menschlichen Lebens als mit Wohlbefinden abseits von Krankheit, wie es die WHO vorsieht, beschäftigt hat. Tatsächlich befanden sich bis zum Ende des letzten Jahrhunderts in der psychologischen Literatur zwar 46.000 Artikel über psychische Störungen, aber nur 400, die Lebensfreude untersuchen (Myers, 2000, S. 323–336). Die Positive Psychologie sah sich deshalb als Ergänzung zur traditionellen Psychologie und wollte keinesfalls als Gegensatz oder gar als Gegenbewegung verstanden werden. Martin Seligman (2002, S. 4) erkannte in ihr folgende Aufgabe: »Psychology is not just the study of disease, weakness, and damage. It also is the study of happiness, strength, and virtue.« Seligman erlangte große internationale Aufmerksamkeit durch seine bahnbrechende, wenn auch nicht unumstrittene Untersuchung der *erlernten Hilflosigkeit* als Erklärungsmodell für die Entstehung psychischer Fehlentwicklung und ihrer Bewältigung (Seligman, 1975). Dies erklärt vielleicht auch sein Verhältnis zur Psychologie: »Ein halbes Jahrhundert hat sich nun die Psychologie an einem einzigen Thema abgearbeitet – seelische Krankheit – und sie hat dabei durchaus Erfolge errungen. [...] Doch für diesen Fortschritt haben wir einen hohen Preis gezahlt. Gemütszustände zu behandeln, die das Leben unglücklich machen, hat die Aufgabe in den Hintergrund gedrängt, Gemütszustände auf- und auszubauen, die das Leben lebenswert machen« (Seligman, 2005, S. 2). Die Positive Psychologie unternimmt somit den Versuch, die Psychologie wieder zu vervollständigen, indem sie sich als Ziel gesetzt hat, zu erforschen und zu implementieren, was Leben lebenswert macht und wie Lebensfreude entsteht (ebd.). Seligman spricht von drei Bereichen, die Lebensfreude fördern können: positives Erleben, positive Traits (Tugenden, Charakterstärken) und positive Institutionen. Im Sinne der Positiven Psychologie kommt es darauf an, dass sich die guten Gefühle dann einstellen, wenn man sich für etwas um der Sache selbst willen entscheidet und nicht nur, um damit einen anderen Zweck zu erfüllen. »Positive psychology, as I intend, is about what we choose for its own sake« (Seligman, 2011,

S. 11). Als wesentliche Merkmale zur Erkennung solcher um ihrer selbst willen gewählter Handlungen benennt Seligman drei Merkmale: positive Gefühle, Engagement und Sinn. Im Sinne des hedonischen Glücksempfindens geht es seiner Meinung nach um positive Gefühle wie Lust, Entzücken, Ekstase, Wärme, Behaglichkeit u. Ä., die im angenehmen Leben zu finden wären. Als zweites Merkmal beschreibt er das Engagement und meint damit das von Mihály Csíkszentmihályi entdeckte Phänomen des Flows. Im Zustand des Flows geht es um den Verlust des Ich-Bewusstseins, des Zeit- und Raumgefühls während einer Aktivität. Sie entsteht durch die auf die Handlung bezogene uneingeschränkte Aufmerksamkeit. Csíkszentmihályi erforschte, wie Herausforderungen gestaltet sein müssen, damit fachliches und persönliches Wachstum entsteht. Das dritte Element sieht Seligman im Streben nach Sinn. Für ihn besteht ein sinnvolles Leben darin, zu etwas zu gehören, das größer als man selbst ist. Er sieht darin auch die Begründung und notwendige Existenz der »positiven Institutionen«, wie z. B. Glaubensgemeinschaften, politische Gruppierungen und ökologische Bewegungen u. v. a. (Seligman, 2011). Seligman sieht die Aufgabe der Positiven Psychologie in der wissenschaftlichen Erforschung von Stärken, Wohlbefinden und optimalem Funktionieren (Seligman, 2005). Die Positive Psychologie betrachtet sich als eigener wissenschaftlicher Zweig innerhalb der Psychologie, der in den letzten Jahren bemüht ist, reliable Prüfverfahren und experimentelle Methoden zu entwickeln.

In der Weiterentwicklung der Positiven Psychologie erkennt Seligman (2011), dass die einseitige Ausrichtung des Wohlbefindens auf Glück und Zufriedenheit eine Form der Verdinglichung eines Endzieles darstellt. Seligmans Kritik bezieht sich auch auf die definitorische Gleichsetzung von Glück mit positiven Gefühlen und fröhlicher Stimmung, die den kontextualen Zusammenhang zu Engagement und Sinn verhindere. »Neither engagement nor meaning refers to how we feel, and while we may desire engagement and meaning they are not and can never be part of what happiness denotes« (ebd., S. 13). Lebenszufriedenheit ist nach Seligmans Meinung als Maßstab für Wohlbefinden unzulänglich, weil die Aussagen der Befragten stark davon abhängen, wie sie sich im Augenblick fühlen. Bei der statistischen Erhebung von Lebenszufriedenheit werden die Antworten seiner Meinung nach zu 70 Prozent durch die augenblickliche Stimmung geleitet und nur zu 30 Prozent durch die Einschätzung der Qualität des eigenen Lebens, was zu falschen Einschätzungen führen kann. Die Frage nach der Lebenszufriedenheit berücksichtige nicht, wie viel Sinn wir empfinden, wie engagiert wir arbeiten oder wie gut unsere Beziehungen sind, sondern messe nur die heitere Gemütsverfassung. »Life satisfaction essentially measures cheerful mood, so it is not entitled to a central place in any theory that aims to be more than happiology« (ebd., S. 14). Aus den genannten Gründen sieht er die Notwendigkeit einer veränderten Aufgabenstellung der Positiven Psychologie. Früher habe er deren Aufgabe in der Vergrößerung der Lebenszufriedenheit gesehen, während er nun davon ausgehe, dass das Thema der Positiven Psychologie darin bestehe, das *Flourishing* (aufblühen) der

Menschen zu verstärken und dass sich die Messungen des Wohlbefindens auf das *Flourishing* beziehen sollten (ebd., 2011).

Seligman fasst die bis dahin gemachten Forschungsergebnisse zur seelischen Gesundheit bzw. zum *Flourishing* in der PERMA-Formel zusammen – ein Akronym aus den fünf Elementen *Positive Emotions, Engagement, Relationships, Meaning* und *Accomplishment*. Diese Elemente, die nachfolgend genauer beschrieben werden, müssen zusätzlich drei Kriterien erfüllen, um als Element des Wohlbefindens zu gelten:

1. Es dient dem Wohlbefinden.
2. Es wird um der Sache selbst willen angestrebt, nicht, um eines der anderen Elemente zu erhalten.
3. Es lässt sich unabhängig von anderen Elementen definieren und messen (vgl. ebd., S. 16).

Positive Emotions (positive Emotionen): Ein positives Gefühl erfüllt als Element alle Voraussetzungen des *Flourishing*, denn es dient unmittelbar dem Wohlbefinden, erfüllt keinen anderen Zweck und kann durch die Messungen der affektiven Komponente des subjektiven Wohlbefindens empirisch einzeln gemessen werden.

Engagement (engagiert sein): Menschen werden zufriedener und können aufblühen, wenn sie ihre Stärken leben und sich für etwas engagieren. Seligman bezieht sich hier auf das Flow-Konzept Csíkszentmihályis (2004). Er geht allerdings davon aus, dass während des Flow-Erlebnisses wegen der uneingeschränkten Konzentration weder positive noch negative Gefühle wahrgenommen werden. Trotzdem erfüllt das Engagement seiner Meinung nach die oben genannten Voraussetzungen, weil es im Rückblick als wohltuend wahrgenommen wird und die dadurch entstandene Zufriedenheit messbar ist. Außerdem erfüllt es ein weiteres Kriterium der oben genannten Voraussetzungen, da das Engagement von vielen Menschen um der Sache selbst willen ergriffen wird.

Relationships (positive Beziehungen): Ein ausgebautes Netzwerk positiver Beziehungen ist Grundlage von Wohlbefinden. Geborgenheit, Wertschätzung und Sinn werden durch Beziehungen erfahren. Sie lösen Wohlbefinden aus, werden im Idealfall ohne weitere Absichten verfolgt und sind einzeln messbar. Seligman geht davon aus, dass eine freundliche Haltung seinen Mitmenschen gegenüber mehr bewirkt als jede andere Maßnahme zur Verbesserung des Wohlbefindens.

Meaning (Sinn): Nach Seligmans Verständnis von Sinn geht es dabei um das menschliche Streben, zu einer Gruppe zu gehören (im Sinne der weiter oben beschriebenen positiven Institutionen) oder einer Sache zu dienen, die höher als das eigene Ich eingeschätzt wird. Sinn entspringt nach seiner Meinung aus einer individuellen subjektiven und zeitabhängigen Betrachtung. Sinn kann sich dynamisch im Zeitablauf durch Geschichte,

Logik oder neue Erkenntnisse verändern. Er erfüllt ebenfalls die drei Bedingungen des *Flourishing*, denn Sinn zu finden trägt zum Wohlbefinden bei. Die Sinnsuche erfolgt um ihrer selbst willen und kann unabhängig von den anderen Elementen definiert werden.

Accomplishment (Zielerreichung oder sich als wirksam erleben): Seligman sieht in der Zielerreichung eine vorübergehende Erscheinungsform des »erfolgreichen Lebens«. Er betont in diesem Kontext aber ausdrücklich, dass die Aufgabe der Positiven Psychologie nicht darin bestehe, den Menschen vorzuschreiben, was sie für das »erfolgreiche Leben« zu tun oder zu lassen haben. Vielmehr gehe es darum zu beschreiben, was Menschen, die keinerlei Zwang verspüren, um der Sache selbst willen wählen (ebd., 2011).

Zusammenfassend stellt Seligman fest, dass das Subjektive Wohlbefinden mit seinen Elementen Glück und Zufriedenheit eine notwendige Grundlage für die Messung von Wohlbefinden darstellt. Für ihn ist das SWB ein notwendiger, aber nicht hinreichender Faktor für das *Flourishing*, das gute Gedeihen. Nur durch die Förderung von Engagement, Sinn, guten Beziehungen und positiver Zielerreichung aller Institutionen von Gesellschaft und Wirtschaft würde das Aufblühen und die Entfaltung der Menschen auf dem Planeten Erde vergrößert werden. Seligmans Ansatz bestätigt die Erkenntnisse von Fredrickson und die Bedeutung positiver Emotionen. Daneben beinhalten seine PERMA-Faktoren aber auch die Erkenntnisse des psychologischen Wohlbefindens von Ryff und dessen Erweiterung von Keys als *Flourishing*. Nachfolgend soll ergänzend auch ein europäisches Konzept zum *Flourishing* vorgestellt werden.

3.6 Das europäische Verständnis des Flourishing

Die europäischen Wissenschaftler des European Social Survey (ESS) haben ebenfalls ein Konzept (Huppert & So, 2013) zum *Flourishing* entwickelt, das allerdings von den amerikanischen Konzepten abweicht. Als Merkmale werden positive Emotionen, Engagement, positive soziale Beziehungen, Bedeutungs- und Sinnhaftigkeit und Zielerreichung genannt, wie sie bei Seligman beschrieben werden. Auch die Dimensionen der von Ryff beschriebenen Merkmale Selbstakzeptanz, Autonomie und persönliches Wachstum, das in diesem Kontext als engagiertes Lerninteresse zur Erweiterung von Fähigkeiten und Fertigkeiten bezeichnet wird, finden sich wieder. Daneben werden aber zwei weitere Aspekte berücksichtigt, die im amerikanischen Konzept des *Flourishing* nicht enthalten sind: Optimismus und Resilienz (ebd.). Zudem unterscheidet die Arbeitsgruppe des ESS zwischen Aspekten des Habens oder Seins auf der personalen und interpersonalen Gefühlsebene und Aspekten des Handelns (persönliche Fähigkeiten).

Auf der personalen Gefühlsebene geht es um die Auseinandersetzung mit sich selbst, wie z. B. die Erlangung von Zufriedenheit und Optimismus. Als persönliche Handlungsfähigkeit werden Selbstakzeptanz, Autonomie, Kompetenz, Lerninteresse, Zielorientierung, Sinnfindung und Resilienz aufgeführt. Die interpersonale Gefühlsebene betrifft den Bezug zu anderen Personen, wie z. B. Zugehörigkeit, soziale Unterstützung und gesellschaftlicher Aufstieg. Zu den interpersonalen Handlungsfähigkeiten gehören soziales Engagement, Fürsorge und Altruismus (Frank, 2010). Wie wichtig die allgemeine Förderung des Aufblühens und des guten Gedeihens der Mitarbeiter/-innen für die Unternehmen ist, kann aus den vorangegangenen Abschnitten abgeleitet werden.

Aufblühen und gutes Gedeihen eines Menschen beruhen aber nicht nur auf den äußeren Bedingungen, sondern basieren insbesondere auf seiner eigenen seelischen Gesundheit. Wie wichtig die Erhaltung und Förderung der Erhaltung der seelischen Gesundheit sind, zeigt die dramatische Entwicklung psychischer Erkrankungen der Beschäftigten. Psychische Erkrankungen bei Arbeitnehmern haben sich im Vergleich zu anderen Erkrankungen seit dem Jahr 2000 verdoppelt. Außerdem sind psychisch erkrankte Mitarbeiter im Schnitt mit rund 35 Tagen im Jahr drei Wochen länger krankgeschrieben als körperlich erkrankte.

Dies geht aus der Bundespsychotherapeutenkammer-Auswertung 2018 »Langfristige Entwicklung der Arbeitsunfähigkeit« hervor, in der aktuelle Daten zu den betrieblichen Fehlzeiten der großen gesetzlichen Krankenkassen ausgewertet wurden (BPtK-Auswertung, 2018). Das Unternehmensziel Wohlbefinden muss deshalb unbedingt auch die Aspekte zur Förderung und Erhaltung der seelischen Gesundheit jedes einzelnen Beschäftigten berücksichtigen.

3.7 Das Konstrukt der seelischen Gesundheit von Becker

Das Konzept der seelischen Gesundheit wurde in den 1980er-Jahren von dem Psychologen Peter Becker (1982) entwickelt. Es ist aus der Gesundheits- und Entwicklungspsychologie abgeleitet worden und bezieht sich auf die mentale Gesundheit, persönliches Wachstum, Lebensziele, menschliche Entwicklung, existenzielle Herausforderungen des Lebens und auf optimale Lösungen von grundsätzlichen Lebensveränderungen.

Becker hat durch eine vergleichende Gegenüberstellung von neun Theorien der seelischen Gesundheit Kriterien herausgearbeitet, die es erlauben, Gemeinsamkeiten und Unterschiede zwischen den psychologischen Theorien zu destillieren. Er konnte feststellen, dass die Psychologen Freud, Menninger, Erikson, Fromm, Rogers, Maslow, Jourard, Allport und Frankl hinsichtlich verschiedener Kategorien zur seelischen Gesundheit einheitlicher Auffassung waren. Dazu gehören: Produktivität, Kreativität, Tätigsein, Werksinn und Liebesfähigkeit sowie Intimität. Gestützt auf frühere Untersuchungsergebnisse (Block, 1961) und durch Befragungen klinischer Psychologen kommt Becker zu dem Schluss, dass menschliche Wärme, Empathie und Bindungsfähigkeit sowie Produktivität übergeordnete Kriterien der seelischen Gesundheit darstellen. Auf der Grundlage seiner Forschung beschreibt er drei Bereiche, die eine Einteilung der unterschiedlichen Modelle erlauben: Regulationskompetenzmodelle, Selbstaktualisierungsmodelle und Sinnfindungsmodelle (Becker, 1982).

Regulationskompetenzmodelle

Regulationskompetenzmodelle werden nach Beckers Meinung besonders von Freud und Menninger, mit Einschränkungen auch von Erikson vertreten.

Ein seelisch gesunder Mensch wird danach mit der Leitidee der Möglichkeiten zur Wiederherstellung des inneren und äußeren Gleichgewichts nach Störungen beschrieben. Außerdem ist er in der Lage ein Meta-Gleichgewicht zwischen innerem und äußerem Gleichgewicht herzustellen. Das innere Gleichgewicht beschreibt Freud als das harmonische Zusammenwirken der drei psychischen Instanzen *Es*, *Ich* und *Über-Ich*. Menninger (1968) nennt es intrapsychische Organisation des effizienten Ich, und Erikson beschreibt es in Abhängigkeit von der Entwicklungsphase mit den Begriffen Urvertrauen, Ich-Identität und Ich-Integration (Erikson, 1966, S. 150–151). Als äußeres Gleichgewicht wird die Anpassungsfähigkeit an die Realität der Umwelt verstanden. Dazu gehören eine realistische Wahrnehmung, die nicht durch Wunschdenken und Emotionen verzerrt ist, logisches Denken, planvolles Handeln und die Fähigkeit, aus Erfahrung zu lernen. Als Meta-Gleichgewicht versteht Becker die Balance zwischen innerem und äußerem Gleichgewicht. Die Fähigkeit zur Erlangung des Meta-Gleichgewichtes würde eine einseitige Ausrichtung – wie z. B. die zu starke Fokussierung auf das innere Gleichgewicht und damit eine weltfremde, eigene innere Konstruktion – verhindern. Um die Gleichgewichtszustände trotz veränderter innerer und äußerer Bedingungen zu erhalten, benötigt der seelisch Gesunde Frustrationstoleranz, Stressresistenz und hinreichende Flexibilität sowie Anpassungsfähigkeit (Becker, 1982).

Selbstaktualisierungsmodelle

Konsens unter den Selbstaktualisierungstheoretikern, zu denen nach Beckers Meinung Maslow, Jourard, Roger und Fromm zählen, ist das Autonomiekriterium. Danach ist es für seelisch gesunde Menschen kennzeichnend, dass sie sich frei entwickeln, ihre eigenen Anlagen und Potenziale zur Entfaltung bringen und eine Weltoffenheit herausbilden, um der Gefahr eines einseitigen und angepassten Konformismus entgegenzutreten: »Die seelisch gesunde Person verhält sich natürlich, spontan und unbefangen; sie verfügt über Selbstachtung und Selbstvertrauen. Die Offenheit für Erfahrungen schafft die Voraussetzungen für Selbsteinsicht bzw. ein realistisches, nicht fremdbestimmtes Selbstbild sowie für Grenzerfahrungen und Bewußtseinserweiterung« (Becker, 1982, S. 147).

Sinnfindungsmodelle

Mit Frankl und Allport entstand nach Becker ein dritter Modelltyp, den er als Sinnfindungsmodell bezeichnet. Frankl und Allport sind der Meinung, dass es nicht ausreicht, von der Befriedigung bestimmter biologischer Bedürfnisse und der Spannungsreduktion auszugehen. Frankl lässt sich in seiner Kritik vom »Willen zum Sinn« leiten und erklärt, dass der Mensch zwar ein biologisches, aber auch ein geistiges Wesen sei, das sein Handeln an bestimmten Werten und Sinninhalten orientiere. Gelinge es einem Menschen nicht mehr, sein Leben mit Sinn zu füllen, so gerate er in eine existenzielle Krise, verbunden mit psychischen oder psychosomatischen Symptomen (vgl. Schaeffler, 1974; Becker, 1982). Allport beschreibt das Prinzip der »funktionellen Autonomie der Motive« und unterstreicht damit, dass menschliches Verhalten nicht auf einige angeborene oder in der Vergangenheit wirksame Motive zurückgeführt wird, sondern sich sehr wohl von den vergangenen motivationalen Bezügen lösen kann. Allport betont in diesem Zusammenhang den menschlichen Reifungs- und Veränderungsprozess im Lebenslauf.

Zusammenführung der Theorien

Aus den Gemeinsamkeiten und Unterschieden der neun psychologischen Theorien entwirft Becker ein Modell der seelischen Gesundheit. Sie stützt sich seiner Meinung nach auf folgende drei Voraussetzungen: Erstens auf die Regulationskompetenz zur Bewältigung und zum Vollzug interner und externer Anpassungsleistungen, zweitens auf die Selbstaktualisierung, damit sich die individuellen Anlagen in der Interaktion mit der Umwelt frei entfalten können, und drittens auf die Möglichkeit von Sinnfindung. Er verweist dabei auf den mehrfach bestätigten Zusammenhang von Sinnverlust und psychischer Erkrankung und beruft sich hier auf die Untersuchungsergebnisse von Viktor Frankl.

Aus seinen Erkenntnissen entwickelt Becker eine Formel der seelischen Gesundheit. Hier wird die seelische Gesundheit (SG) als Funktion (f) der Regulationskompetenz (RK), der Selbstaktualisierung (SA), und Sinnfindung (SF) gesehen.

SG = f (RK; SA; SF)

Wird das Streben nach Selbstaktualisierung, die Berücksichtigung eigener Bedürfnisse und Entwicklung eigener Potenziale, als Ausgangpunkt für die seelische Gesundheit betrachtet, die durch die Regulationskompetenz vor der grenzenlosen Selbstverwirklichung bewahrt wird, so könnte die Formel wie folgt umgestellt werden:

SG = f (SA; RK; SF)

Sie ist zulässig, weil Becker sie eher nach zeitlichen Aspekten der Theorien als nach strukturellen Voraussetzungen für die seelische Gesundheit angeordnet hat. Die Umstellung erscheint auch notwendig für die weitere Betrachtung der Erkenntnisse der Wohlbefindensforschung im Hinblick auf das Unternehmensziel Wohlbefinden.

!

Schnellcheck:

- *Das Subjektive Wohlbefinden umfasst kognitive und affektive Komponenten.*
- *Positive Emotionen führen zu dauerhaftem persönlichen Wachstum.*
- *Befriedigung psychischer Grundbedürfnisse nach Sicherheit, Freiheit und Sinn erhöht das subjektive Wohlbefinden.*
- *Das »Psychologische Wohlbefinden« erfasst sechs Dimensionen (Autonomie, positive Beziehungen zu anderen, Lebenssinn, Selbstakzeptanz, persönliches Wachstum und Umweltbewältigung).*
- *Das Konzept des »Flourishing« (aufblühen) verbindet das Subjektive Wohlbefinden mit dem Psychologischen Wohlbefinden und ergänzt es durch Faktoren für das soziale Wohlbefinden.*
- *Martin Seligman hat das Flourishing in der PERMA-Formel zusammengefasst – ein Akronym aus den fünf Elementen: Positive Emotions, Engagement, Relationships, Meaning und Accomplishment.*
- *Seelische Gesundheit entsteht durch Regulationskompetenz, Selbstaktualisierung und Sinnfindung.*

4 Die Bedeutung der Forschungsergebnisse für das Wohlbefinden in Unternehmen

Psychologie und Unternehmensführung

Alles, was im Unternehmen geschieht, basiert auf grundlegenden psychologischen Zusammenhängen. Ob wir tätig sind, etwas kaufen, uns in Menschen oder Produkte verlieben oder beide eher ablehnen, ist durch die Psychologie erklärbar. Selbst ein Börsen- und Wirtschafts-Crash hat psychologische Ursachen. Auch ein funktionierendes Mitarbeiterverhältnis und eine gelungene Mitarbeiterführung lassen sich psychologisch begründen. Es handelt sich um Beziehungen von Menschen als Persönlichkeiten, die geprägt sind von ihren Bedürfnissen, Werten, Überzeugungen und Einstellungen. Diese bestimmen ihre Motivation, ihr Fühlen, Denken und Handeln und wie sie sich in bestimmten Situationen verhalten. Denken und Handeln basiert wiederum auf Persönlichkeitsmerkmalen, gepaart mit Kompetenzen und Intelligenz sowie mit Erwartungen an sich selbst und andere. Das betrifft das Arbeitsverhalten in Bezug auf Tempo, Sorgfalt, Teamfähigkeit usw., aber auch ihr Verhalten gegenüber Kunden, Vorgesetzten, Untergebenen und Kollegen. Mitarbeiterführung, die ausschließlich auf den eigenen Überzeugungen des Führenden und seiner Menschenkenntnis beruht und psychologische Erkenntnisse nur unzureichend berücksichtigt, kann das Unternehmensziel Wohlbefinden nicht effizient verfolgen. Es erscheint deshalb sinnvoll und notwendig, die psychologischen Forschungserkenntnisse zu Wohlbefinden und seelischer Gesundheit auf die Unternehmensführung zu übertragen.

Subjektives und Psychologisches Wohlbefinden im Unternehmenskontext

In der Psychologie werden für das Wohlbefinden vor allem zwei Begrifflichkeiten verwendet: erstens das Subjektive Wohlbefinden als Zustandsbeschreibung einer Person in Bezug auf das Glück als Verhältnis von erlebten positiven und negativen Emotionen verbunden mit der Zufriedenheit als kognitive Bewertung des eigenen Lebens, zweitens das Psychologische Wohlbefinden, das die Entstehung von Wohlbefinden im Kontext von Bedürfnisbefriedigung, menschlicher Entwicklung und als Bewältigung existenzieller Herausforderungen des Lebens sieht. Für das Unternehmensziel Wohlbefinden wäre der ausschließliche Bezug auf Glück und Zufriedenheit nicht hinreichend, weil es nur eine statische Momentaufnahme zwischen der augenblicklichen emotionalen Stimmungslage und der längerfristigen kognitiven Betrachtung der Zufriedenheit widerspiegelt. Außerdem stellt sich die Frage, ob der Zustand von vollkommenem Glück und Zufriedenheit auf Dauer nicht langweilig wird. Das Überwinden von Herausforderungen und die Bewältigung von Krisen gehören zum Leben dazu, sie verleihen dem Leben einen Sinn und stärken die Persönlichkeit. Der ausschließliche

Bezug auf Glück und Zufriedenheit könnte zu einem Zielkonflikt mit Unternehmenszielen führen, die nicht direkt mit Glück und Zufriedenheit, sondern mit Anstrengungen und Pflichterfüllung verbunden sind. Ein Glücks-Chef, einen Chief Happiness Officer, wie bspw. der Software-Ingenieur und Motivator Chade-Meng Tan, der schon vor über 10 Jahren beim Software-Unternehmen Google tätig war und mit Wellness-Angeboten für gute Laune sorgen sollte, kann nicht allein der Schlüssel für das Wohlbefinden der Mitarbeiter/-innen sein. Glück und Zufriedenheit lassen sich auch nicht verordnen, sondern müssen von jedem Einzelnen gefunden werden.

Psychologisches Wohlbefinden und Unternehmenskultur
Durch Einbeziehung der Erkenntnisse der Forschungsarbeiten des Psychologischen Wohlbefindens wird deutlich, dass mit der Erfüllung der Bedürfnisse der Mitarbeiter/-innen die Voraussetzungen für das *Flourishing*, das gute Gedeihen und das Aufblühen, geschaffen werden. Ein Blick auf die Einflussfaktoren zeigt, dass das Wohlbefinden sowohl von der eigenen Person als auch von der Umgebung und der Interaktion mit anderen Menschen abhängt.

Um die Bedürfnisse jedes einzelnen Mitarbeiters nach Autonomie, sozialen Beziehungen, Sinn, Selbstachtung, persönlicher Entwicklung und Bewältigung der Umwelt zu berücksichtigen, bedarf es einer wertebasierten Unternehmenskultur. Sie bildet den Rahmen, damit das gesamte Unternehmen als wirtschaftliches und soziales System erfolgreich agieren kann.

Seelische Gesundheit der Mitarbeiter als Führungsaufgabe
Abgesehen von den Rahmenbedingungen bedarf es aber auch spezifischer Förderungen der Mitarbeiter/-innen zur Erhaltung ihrer seelischen Gesundheit. Nach Peter Becker gehören dazu die Fähigkeit zur Selbstaktualisierung, damit sich die individuellen Anlagen in der Interaktion mit der Umwelt frei entfalten können, die Regulationskompetenz zur Bewältigung und zum Vollzug interner und externer Anpassungsleistungen und ferner die Möglichkeit der Sinnfindung. Ausgehend von den Erkenntnissen von Peter Becker können sie als allgemeine Prinzipien einer mitarbeiterorientierten Führung verstanden werden.

Wertebasierte Rahmenbedingungen und mitarbeiterorientierte Führung als Zielfunktion für Wohlbefinden im Unternehmen
Die nachfolgende Grafik soll den Zusammenhang zwischen den wertebasierten Rahmenbedingungen des Unternehmens und der individuellen Förderung jedes Beschäftigten durch mitarbeiterorientierte Führung für das Unternehmensziel Wohlbefinden verdeutlichen.

Abb. 5: Zusammenhang zwischen dem Unternehmensziel Wohlbefinden, Unternehmenskultur und Mitarbeiterführung. Eigene Darstellung

Unter Berücksichtigung der modifizierten Formel von Becker zur seelischen Gesundheit aus Abschnitt 3.7, SG = f (SA; RK; SF), kann durch die nachfolgende Formel zum Ausdruck gebracht werden, dass für das Unternehmensziel Wohlbefinden (UZW) die wertebasierte Unternehmenskultur (UK), die Förderung der Selbstaktualisierung (SA), die Stärkung der Selbstregulierungskompetenz (RK) und die Unterstützung bei der Sinnfindung der Mitarbeiter/-innen von großer Bedeutung sind.

UZW = f(UK + (SA; RK; SF))

Dabei soll diese Formel weniger als mathematische Funktion, sondern eher als richtungsweisend für die Maßnahmen zur Förderung ihrer Funktionsvariablen verstanden werden. Wie das geschehen kann und welche konkreten Maßnahmen zur Förderung einer wertebasierten Unternehmenskultur und mitarbeiterorientierten Führung ergriffen werden können, ist Inhalt des nächsten Abschnitts.

! *Schnellcheck:*

- *Eine wertebasierte Unternehmenskultur muss die Faktoren* des Psychologischen *Wohlbefindens – Autonomie, soziale Beziehungen, Sinn, Selbstachtung, persönliche Entwicklung und Bewältigung der Umwelt – berücksichtigen.*
- *Die Faktoren zur seelischen Gesundheit – Selbstaktualisierung, Selbstregulation und Sinnfindung – können als allgemeine Prinzipien einer mitarbeiterorientierten Führung verstanden werden.*
- *Das Unternehmensziel Wohlbefinden (UZW = f(UK + (SA; RK; SF))) umfasst die wertebasierte Unternehmenskultur (UK), und die Faktoren für seelische Gesundheit (SA; RK; SF).*

5 Wie kann das Unternehmensziel Wohlbefinden realisiert werden?

In den vorangegangenen Kapiteln wurde gezeigt, von welchen psychologischen Voraussetzungen das Wohlbefinden aller am Unternehmen beteiligten Personen abhängt. Nachfolgend soll nun herausgearbeitet werden, welche Anforderungen von den Führungskräften erfüllt werden müssen, um die ambitionierte Zielsetzung zu realisieren. Dabei werden im ersten Teil dieses Kapitels Kriterien für die erfolgreiche Implementierung einer wertebasierten Unternehmenskultur erläutert. Im zweiten Teil werden dann drei Prinzipien der mitarbeiterorientierten Führung vorgestellt, die auf den Forschungsarbeiten zur seelischen Gesundheit beruhen.

5.1 Kriterien für eine erfolgreiche Implementierung einer wertebasierten Unternehmenskultur

Werteorientierung und Wohlbefinden als gesellschaftliche Herausforderung
Im Ranking des World Happiness Reports (Helliwell et al., 2020), den Wissenschaftler der New Yorker Columbia Universität seit 2012 jährlich veröffentlichen, liegt Deutschland nicht auf den Spitzenplätzen. Weiter vorne befinden sich z. B. Finnland, Dänemark, Schweiz, Norwegen, Schweden, Costa Rica usw. Die Buchautorin Maike van den Boom (2015) hat die »glücklicheren Länder« besucht und in der Bevölkerung dieser Länder dreihundert Befragungen durchgeführt. Das Ergebnis ist überraschend. Der materielle Wohlstand durch die Wertschöpfung eines Landes als Bruttoinlandsprodukt ist für das Wohlbefinden zwar wichtig, aber darüber hinaus gibt es für die »glücklichen« Länder eine andere große Gemeinsamkeit. Die Auswertung der Befragung zeigt, dass das Wohlbefinden maßgeblich durch die tatsächlich gelebten Werte bestimmt wird. Das gilt insbesondere für die nordeuropäischen Länder. Dazu gehört die Freiheit, sein Leben gestalten zu können, genauso aber auch Solidarität und die Bereitschaft, Verantwortung für sich selbst und seine Mitmenschen zu übernehmen, gepaart mit Humor und Gelassenheit. Nach den Ergebnissen der im Jahr 2019 veröffentlichen PISA-Studie liegt Finnland in vielen Bereichen auf den vorderen Plätzen. PISA bat die Schüler auch, ihre eigene Lebenszufriedenheit zu beurteilen. Die finnischen 15-Jährigen gaben auf einer Skala von eins bis zehn einen Durchschnittswert von 7,61 an. Wenn man die Punkte für Lebenszufriedenheit mit denen für Lesekompetenz vergleicht, wird deutlich, dass Finnland das einzige Land ist, in dem beide Kategorien auf hoher Ebene liegen. Dies könnte auf ein positives Gleichgewicht zwischen Schule und anderen Aspekten des Lebens hinweisen. Das gilt nicht nur für die Kinder. Dazu passt auch, dass finnische Erwachsene im internationalen Vergleich ein bewundernswertes Maß an Work-Life-Balance an den Tag legen und im Ranking des World Happiness Reports Erste sind.

Diese Befunde bestätigen auch die weiter oben beschriebenen Theorien und Forschungsergebnisse des *Flourishing* und der seelischen Gesundheit, also, dass sich Kinder und Erwachsene durch wertebasierte Rahmenbedingungen gut entwickeln und so Wohlbefinden in einer Gemeinschaft entsteht. Zur eigenen Entfaltung und um aufzublühen, benötigt jeder Einzelne persönliche Kompetenzen und muss lernen, mit sich und seinen Mitmenschen verträglich umzugehen. Sicherlich gibt es kulturelle Unterschiede im Umgang mit den Werten in den verschiedenen Ländern. In den nordeuropäischen Ländern erstrecken sich Solidarität und Gemeinsinn auf den gesamten öffentlichen Bereich, also im Sinne einer stark ausgeprägten und gut funktionierenden Demokratie. In Costa Rica dagegen bezieht sich der Gemeinsinn mehr auf die Familie als Unterstützungssystem, das Halt und Geborgenheit verspricht. Was kann aus Ergebnissen der unterschiedlichen Befragungen zum Wohlbefinden abgeleitet werden? Werteorientierung ist nicht nur ein wesentlicher Faktor für das Wohlbefinden, sondern auch die Grundlage für die Erzielung exzellenter Erfolge in vielen Bereichen der Gesellschaft und im Leben ihrer Mitglieder.

Auch in Deutschland ebbt deshalb die Diskussion über Werteorientierung und Wohlbefinden nicht ab. Allerdings wird in politischen Debatten, in Leitartikeln oder in Talkshows, wenn über Werte geredet oder diskutiert wird, fast niemals gesagt, was sie konkret bedeuten. Betrachten wir die christlichen Werte, wie z. B. Liebe, Brüderlichkeit und Barmherzigkeit, so werden sie doch eher als Botschaften und Grundsätze verstanden und weniger als konkrete Handlungsmaximen. Ähnliches zeigt sich auch bei den gesellschaftlichen Grundwerten, wie z. B. Freiheit, Sicherheit, Frieden und Gerechtigkeit, die mehr als Rechte denn als Pflichten wahrgenommen werden. Zwar unterhalten die Parteien in Deutschland mittlerweile Grundwertekommissionen, die vermutlich nicht nötig wären, wenn über die inhaltliche Bestimmung und konkrete Umsetzung dieser Grundwerte Einigkeit bestünde. Vielleicht ist das auch der Grund, warum es der Wohlfahrtsökonomie immer noch nicht gelungen ist, das Ziel »Maximierung der gesellschaftlichen Wohlfahrt« inhaltlich exakt zu bestimmen und mögliche Annäherungen an dieses Ziel aufzuzeigen.

Aber selbst, wenn es tatsächlich gelänge, das Wichtige und Wünschenswerte für die Gesellschaft und Wirtschaft zu extrahieren, ist das keine Garantie für eine Implementierung.

Ein gutes Beispiel für die Schwierigkeiten bei der Umsetzung von Werten in konkrete Maßnahmen ist der Umgang mit der im Koalitionsvertrag der Bundesregierung Ende 2013 festgehaltenen Regierungsstrategie mit dem Titel »Gut leben in Deutschland«. In dem Vertrag heißt es: »Wir wollen unser Regierungshandeln stärker an den Werten und Zielen der Bürgerinnen und Bürger ausrichten und [...] führen daher einen Dialog mit ihnen über ihr Verständnis von Lebensqualität durch. Auf dieser Basis werden wir ein Indikatoren- und Berichtssystem zur Lebensqualität in Deutschland entwickeln.«

Tatsächlich wurden in insgesamt 203 Veranstaltungen – davon fünfzig mit Beteiligung von Bundesministern und vier mit der Bundeskanzlerin zwischen April und Oktober 2015 zwei Fragen aufgeworfen: »Was ist Ihnen persönlich wichtig im Leben?« und »Was macht Ihrer Meinung nach Lebensqualität in Deutschland aus?« An der Befragung, die zum Teil online durchgeführt wurde, beteiligten sich knapp 16.000 Menschen. Alle Antworten wurden mithilfe unabhängiger Wissenschaftler gesichtet und ausgewertet. Mehr als die Hälfte aller Nennungen für die persönlich wichtigen Themen des Lebens im Kontext mit dem guten Leben in Deutschland betrafen Gesundheit, Sicherheit, Freiheit, soziale Beziehungen, Toleranz und Gerechtigkeit (Statistisches Bundesamt, 2017). Offensichtlich handelt es sich für die Befragten hierbei um die wichtigsten Grundbedürfnisse und die daraus abgeleiteten Grundwerte. Leider wurde das Vorhaben aus dem Koalitionsvertrag in der Legislaturperiode 2013–2017 nicht umgesetzt. Ein ressortübergreifender Aktionsplan »Gut leben in Deutschland« zur Verbesserung der Lebensqualität wurde nicht erstellt. Die Gründe dafür blieben unklar. Dadurch wurde zugleich auch die Chance vertan, die Bedeutung psychischer Bedürfnisbefriedigung durch Realisierung einer wertebasierten Gesellschaft weiterzuverfolgen.

Die gescheiterte Aktion »Gut leben in Deutschland« lässt dennoch die Frage zu, welche Erkenntnisse aus dem Projekt gewonnen werden können und wie diese Erkenntnisse zur erfolgreichen Implementierung von Werten in Unternehmen beitragen können.

Nach J. W. Kingdon (2003) beruht erfolgreiches gesellschaftliches Handeln auf der Grundlage von drei Strömen. *Erstens* muss ein angestrebtes Projekt die Aufmerksamkeit der Gesellschaft haben und es muss definiert und kategorisiert sein. *Zweitens* muss das Thema auf der Agenda der Regierung stehen, unterstützt von politischen Akteuren, Medien und Lobbygruppen. *Drittens* müssen Ideen, erprobte Konzepte und Entscheidungsmöglichkeiten vorhanden sein, getragen von Personen, die politisch zu handeln bereit sind. Kommen diese drei *Ströme* zusammen, wird die Entscheidungsagenda strukturiert und es erfolgen politische Entscheidungen und gegebenenfalls eine Implementierung. Tatsächlich sind bei dem Projekt »Gut leben in Deutschland« zwar die ersten beiden Ströme zumindest teilweise zur Geltung gekommen. Der dritte Strom ist allerdings komplett ergebnislos versiegt.

Die von Kingdon geforderte Trias zur Werteorientierung im Kontext gesellschaftlicher Handlungsbereitschaft kann auch als Grundlage auch für die Einführung einer wertebasierten Unternehmenskultur verstanden werden.

1. Strom: Aufmerksamkeitsfokussierung für Werte

Aufmerksamkeitsfokussierung meint die gezielte Wahrnehmung und das Lenken unseres Bewusstseins auf Personen, Sachen, Zusammenhänge oder Symbole, die uns interessieren. Damit Werte Aufmerksamkeit auf sich ziehen, müssen sie über den definitorischen Rahmen hinaus eine Konzeption des Wertvollen, des Wünschbaren beinhalten. Wie aus der Befragung »Gut leben in Deutschland« deutlich wurde, fühlen sich Menschen von allgemeinen Werten angezogen und angesprochen, wenn sie dazu beitragen, ihre Grund- und Wachstumsbedürfnisse zu erfüllen und so das Psychologische Wohlbefinden steigern.

Offensichtlich gelingt die Vermittlung des Wünschbaren und Wertvollen in einigen Ländern und Institutionen aber besser als in anderen. Was ist das Geheimnis für diese Unterschiede? Kehren wir zurück zum Vorbild Finnland. Die Finnen haben für ein ganzes Wertebündel sogar nur ein eigenes Wort, das als unübersetzbar gilt: *Sisu*. Sisu steht für Ausdauer oder Beharrlichkeit, genauso aber auch für Rücksichtnahme. Als kulturelles Konzept und als Bildungskonzept ist Sisu identitätsstiftend. Mit dem Begriff Sisu wird das Bestehen angesichts der schwierigen Geschichte Finnlands begründet. Sisu gehört sozusagen zu den gesellschaftlichen Grundfesten des Landes und erklärt die vielfältigen Erfolge des kleinen Finnlands.

Genau um die Geschichten und Grundfesten geht es auch bei der Fokussierung auf die Werte des Unternehmens. Sie geben eine Antwort auf die Fragen, woher »Wir« als Unternehmen kommen und wo »Wir« als Gemeinschaft aller am Unternehmen Beteiligten hinwollen. Die gefundenen Antworten tragen zur Identifikation der Beschäftigten mit dem Unternehmen bei und stellen das sinnbildliche und erzählerische Rückgrat, den Spirit, dar. Diese Geschichten sind keine Selbstbeweihräucherungen, sondern Geschichten, die alle kennen, an die sie glauben und die sie mögen. Sie sind kurz und lassen sich in knappen Worten und Sätzen zusammenfassen. Um dafür ein Bewusstsein zu schaffen, braucht es deshalb auch keine unübersichtlichen oder moralisierenden Argumentationsketten, sondern anschauliche, lebendige und authentische Aktionen, an denen alle interessierten Einzelpersonen und Gruppen der Unternehmung teilhaben können. Das betrifft die Auszubildenden, die Beschäftigten, deren Vertretungen und die Führungskräfte gleichermaßen. Es ist eine Art Auftragsklärung. Warum tun wir das, was wir tun und wie können wir es gemeinsam tun? Eine allwissende Geschäftsführung, die die Antworten von vornherein kennt, reicht da nicht aus. Vielmehr ist ein Bottom-up-Ansatz gefragt, der von Menschen getragen wird, die Authentizität, Transparenz und Präsenz ausstrahlen. Sie sind von Beginn an beteiligt und leisten einen entscheidenden persönlichen Beitrag zum Erfolg. Für den Start ist es zweckmäßig, eine Steuerungsgruppe zu bilden, die die Struktur des Unternehmens und seiner Beschäftigten widerspiegelt und als Impulsgeberin für die Initiierung eines Projektteams für die Wertesuche dient. Das Projektteam sollte dann nach Möglichkeiten aus Vertretern aller Teams und Hierarchiestufen bestehen, um die Wertesuche gemeinsam mit der Personalentwicklung zu gestalten. Bei Bedarf können zusätzlich auch externe Berater und Trainer einbezogen werden.

2. Strom: Das Thema muss als fester Bestandteil auf der Agenda der Geschäftsführung stehen und von verantwortlichen Akteuren unterstützt werden

Tiefgreifende positive Veränderungen im werteorientierten Denken und Handeln der Mitarbeiter/-innen gelingen nur, wenn sich die Unternehmensleitung uneingeschränkt auch dazu bekennt und dafür eintritt. Die Geschäftsführung muss das Thema und den Prozess nicht nur auf ihrer Agenda priorisieren, sondern selbst bereit sein und andere dazu anregen, bestehende Denkmodelle, Normen und Sichtweisen infrage zu stellen und zu verändern. Wie eingangs erwähnt, benötigt sie dazu eine intakte und authentische Vorbildfunktion, die nicht nur argumentativ und rational überzeugt, sondern auch praktisch und emotional zu den angestrebten Werten steht.

Der Versuch, die Unternehmenskultur zu verändern benötigt Zeit. Oft scheitert er an der fehlenden Ausdauer der Geschäftsführung und an der Bereitschaft, den Werteprozess dauerhaft in der Agenda der Unternehmensführung festzuschreiben. Wie oft werden Purpose und Werteorientierung verkündet, um sie dann wieder zu archivieren oder an jüngere Führungskräfte zu delegieren und sich vermeintlich wichtigeren Dingen zu widmen. Dies vermittelt den Beschäftigten die Botschaft, dass der Prozess offensichtlich nicht zu wichtig zu sein scheint. Wenn die Geschäftsführung sich eine wertebasierte Unternehmenskultur wünscht, dann muss sie für diese Kultur persönlich eintreten und durch ihr authentisches Verhalten deutlich machen, wie wichtig ihnen die gelebte Unternehmenskultur tatsächlich ist.

Dazu gehört neben der fundierten Kulturanalyse durch Befragung auch eine fortlaufende Erfassung von Indikatoren für Kulturveränderungen und deren Auswirkung auf die Zufriedenheit der Beschäftigten sowie die von Kingdon im dritten Strom geforderte Veranlassung von notwendigen Maßnahmen zur Verbesserung der allgemeinen Rahmenbedingungen für das Psychologische Wohlbefinden.

3. Strom: Das Vorhandensein von Ideen, erprobten Konzepten und Entscheidungsmöglichkeiten, getragen von Personen, die bereit sind, aktiv zu handeln.

Wertebasierte Unternehmenskultur zeigt sich nicht nur in einer Anhäufung von Begriffen, die der Geschäftsführung und den Mitarbeiter/innen gefallen sollen, sondern muss den Kern, den Spirit, des Unternehmens abbilden, der Tag für Tag gelebt wird. Sie wird erfahrbar im gemeinsamen konstruktiven und produktiven Tätigsein, in den wertschätzenden Beziehungen oder im kontemplativen Erleben. Die Transformation zu einer wertebasierten Unternehmenskultur fußt, wie am praktischen Beispiel im sechsten Kapitel gezeigt wird, auf einer Vielfalt von Ideen, erprobter und neuer Konzepte und Entscheidungsmöglichkeiten im Unternehmen. Jede einzelne Maßnahme muss dazu beitragen, die in Werte umgewandelten individuellen und kollektiven Bedürfnisse der am Unternehmen Beteiligten zu erfüllen. Ob die Implementierung der gewünschten Unternehmenskultur dauerhaft gelingt, hängt aber maßgeblich davon ab, ob werteorientiertes Verhalten und Handeln als vorteilhaft wahrgenommen, also im weitesten Sinne belohnt werden – sei es intrinsisch oder extrinsisch. Dafür braucht es eine Compliance, die das werteorientierte Tätigsein aller Beteiligten anerkennt und honoriert. Dazu werden Rahmenbedingungen im Unternehmen benötigt, die das Engagement der Mitarbeiter/innen würdigen und sie ermutigen, auch unkonventionelle, vielleicht sogar anstrengende Wege zu gehen.

5.2 Prinzipien einer mitarbeiterorientierten Führung

Da es für das Unternehmensziel Wohlbefinden wichtig ist, neben den unternehmenskulturellen Rahmenbedingungen auch die seelische Gesundheit jedes und jeder einzelnen Beschäftigten zu schützen und zu stärken, bedarf es im Unternehmen auch einer mitarbeiterorientierten Führung. Auf der Grundlage der Erkenntnisse von Peter Becker werden nachfolgend drei mitarbeiterorientierte Führungsprinzipien vorgestellt, die ebenfalls im praktischen Beispiel der engelbert strauss GmbH & Co. KG realisiert werden.

Das Prinzip der Selbstaktualisierung als Führungsaufgabe
Im Sinne der Selbstaktualisierung sollten Mitarbeiter/-innen die Möglichkeit erhalten, ihre Bedürfnisse nach Selbstbestimmung und Kompetenzerweiterung zu befriedigen und sich ihren Fähigkeiten, persönlichen Talenten und Interessen entsprechend weiterzuentwickeln. Dazu gehören nicht nur die Perspektiven für einen Aufstieg im Unternehmen, sondern auch die kontinuierliche Kompetenz- bzw. Verantwortungserweiterung.

Damit aus der Selbstaktualisierung keine egoistische Selbstverwirklichung entsteht, bei dem das eigene Ich und das eigene Wohlbefinden in den Vordergrund rückt, bedarf es in der Mitarbeiterführung der Bewusstmachung und beim betreffenden Mitarbeiter des Bewusstwerdens des Bedürfnisses nach sozialer Eingebundenheit und des damit verbundenen Wohlbefindens (Deci & Ryan, 1993).

Auch in der von Deci und Ryan entwickelten Selbstbestimmungstheorie wird deutlich, dass sich die Selbstaktualisierung im Sinne der Befriedigung von Bedürfnissen nicht ohne Berücksichtigung externer Faktoren vollzieht, also Gegebenheiten, die außerhalb der Person liegen. Dazu gehören alle Erfahrungen des Individuums aus der aktiven Auseinandersetzung mit seiner sozialen Umwelt. Deshalb sollten bei der Förderung der Selbstaktualisierung Einzelner im Unternehmen zugleich auch die Aspekte der Gemeinschaft und der interaktiven Gesichtspunkte berücksichtigt werden, d. h., die Verdeutlichung und Realisierung von Unternehmenswerten, die über den Selbstbezug hinausgehen.

Das Prinzip Selbstregulation in der mitarbeiterorientierten Führung

Führung und Selbstbestimmung

Der seelisch gesunde Mensch zeichnet sich nach Becker durch seine Kompetenz zur Selbstregulation aus, d. h., er ist in der Lage, mit Gefühlen und Stimmungen umzugehen und besitzt die Fähigkeiten, eigene Absichten durch zielgerichtetes und realitätsgerechtes Handeln zu verwirklichen sowie kurzfristige Befriedigungswünsche längerfristigen Zielen unterzuordnen. Die Fähigkeit zum Gratifikationsaufschub, auf die schnelle Belohnung zugunsten eines längerfristigen Zugewinns zu verzichten, ist ein zentraler Aspekt in der Persönlichkeitsentwicklung und damit auch in der Weiterentwicklung der Mitarbeiter/-innen. Schließlich ist die Fähigkeit, etwas auszuhalten, warten zu können und nicht nur dem augenblicklichen Lustprinzip zu folgen, der entscheidende Unterschied zwischen Mensch und Tier.

Zur Förderung mitarbeiterorientierter Führung bildet die Selbstbestimmungstheorie von Deci und Ryan (ebd.) eine geeignete Grundlage. Nach Meinung der Autoren kann die Überwindung des mehr oder minder großen Unlustgefühls bei der Ausführung von Handlungen durch Fremdmotivation in vier Kategorien gefasst werden:

Erstens kann die Unterlassung oder Durchsetzung einer Handlung durch äußeren Zwang erfolgen. Sie entsteht als Folge von Abhängigkeiten und Unterwerfung der Person im Verhältnis zu anderen Personen, die im Status höher eingeschätzt werden oder mehr Macht haben. Der Verzicht oder die Ausführung der Handlung erfolgt vom Betroffenen mit der Absicht, für angepasstes Verhalten belohnt zu werden oder einer Bestrafung zu entgehen. Diese Form wird auch als externe, also von außen veranlasste Regulation verstanden. Dazu bedarf es keiner Kompetenz, sondern nur Gehorsam.

Zweitens kann eine Unterlassung oder Handlung ausschließlich durch Willensanstrengungen veranlasst werden, um eine von außen vorgegebene Vorschrift oder Norm zu erfüllen. Diese Form wird als die introjizierte Regulation bezeichnet. Der Beweggrund der Handlungsverursachung oder Unterlassung entsteht ebenfalls ohne innere Selbstüberzeugung, sondern als eine von außen vorgegebene Verpflichtung oder Norm. Die innere Beteiligung besteht lediglich darin, die Umsetzung der Vorgaben als reinen Willensakt auszuführen und die Erfüllung durch selbst auferlegte Disziplin zu kontrollieren. Beide Formen tragen nicht zur kompetenten Selbstregulation bei und werden zudem häufig von negativen Gefühlen begleitet wie z. B. Angst, Widerwillen und Rachegelüsten.

Drittens beschreiben die Autoren die identifizierte Regulation. Sie ist die Folge der Akzeptanz vorgegebener Werte und Ziele, die vom Einzelnen als wichtig empfunden werden und für die er sich einsetzt. Die Handlung wird als wertvoller Beitrag für Einzelpersonen oder Gemeinschaften gesehen, die für einen selbst von Bedeutung sind.

Unlustgefühle werden anfänglich in Kauf genommen, weil die Handlung oder der Verzicht Geborgenheit, Sicherheit oder Statuserhöhung versprechen.

Viertens existiert nach Deci und Ryan (ebd.) die integrierte Regulation als Ergebnis der Integration von Zielen und Werten, die so verinnerlicht wurden, dass sie in eigene verantwortungsvolle Haltungen und Einstellungen übergegangen sind. Die Handlungsbereitschaft erfolgt selbstbestimmt und motiviert.

Für das Unternehmensziel Wohlbefinden lässt sich aus den Erkenntnissen von Deci und Ryan (ebd.) ableiten, dass die beiden ersten Formen eher dem transaktionalen Führungsstil zuzuordnen sind, der zur Erreichung des Unternehmenserfolges auf materielle oder ideelle Anreize setzt. Die Demotivierung durch Unlustgefühle, das kreativlose unterwürfige Hierarchiedenken durch vermeintliche oder tatsächliche Abhängigkeiten oder die leistungsvermindernden und stresserzeugenden Versagensängste sind mögliche Gefahren, die durch diese Art der Führung entstehen können. Materielle oder ideelle Belohnungen als Leistungsanreize des transaktionalen Führungsstils sind sicherlich wichtig zur Erreichung von vorgegebenen Projekten und konkreten Unternehmenszielen. Der Selbstbestimmungstheorie von Deci und Ryan (ebd.) folgend, sind sie aber weniger geeignet, die Selbstregulierungskompetenz und die nachhaltige Motivation der Mitarbeiter/-innen zu fördern. Damit sich Beschäftigte mit dem Unternehmen, seinen Inhalten und seinen Führungspersonen identifizieren und vielleicht von den Zielen und Werten des Unternehmens innerlich so überzeugt sind, dass sie diese in ihr eigenes Wertesystem integrieren, muss die transaktionale Führung durch ein transformationales Führungsverständnis ergänzt werden.

Führen als Vorbild

Führungspersonen sind Menschen, wie es Frey et al. (2013) formuliert: »(…) die sich ihrer Funktion als Vorbild im Sinne hoher fachlicher Kompetenz und menschlicher Integrität bewusst sind. Nur dadurch können sie ein Klima des Vertrauens schaffen. Das verpflichtet sie zur Aufrichtigkeit und der Fähigkeit, Wort und Tat in Übereinstimmung zu bringen. Nur dort, wo ein menschliches Vorbild vorhanden ist, werden die Mitarbeiter/-innen sich letztlich engagieren. Es ist nie nur eine Sache (der Arbeitsinhalt), die intrinsisch motiviert, sondern es sind Personen, die begeistern und motivieren.«

Vorbild zu sein heißt, auch seine Emotionen regulieren zu können. Auch Mitarbeiter/-innen und Führungskräfte sind Menschen mit Gefühlen, bei denen auftretende Widrigkeiten, Unsicherheiten und Sorgen unkontrollierte Angst- oder Stressreaktionen hervorrufen. Die Reaktionen sind vergleichbar mit den körperlichen Reaktionen unserer urmenschlichen Vorfahren und bündeln die Kräfte in Regionen, die zum Überleben notwendig waren, wie z. B. Hände, Arme oder Beine. Der Energiefluss, der zum rationalen Denken notwendig ist, wird umgeleitet oder massiv eingeschränkt. Wer diesen Energiefluss nicht regulieren kann, handelt unkontrolliert im Affekt mit vielleicht sehr negativen Folgen für das Gegenüber oder auch für sich selbst. Führungskräfte, die ihre Emotionen schlecht regulieren können, können sich selbst und ihren Kolleginnen und Kollegen schaden. Zum Glück verfügt das menschliche Gehirn über Veränderungsmöglichkeiten, die Neuroplastizität. Durch Achtsamkeitstraining, Übung, tägliche Anwendung und den festen Willen sich weiterzuentwickeln, werden neuronal Haltungen, Einstellungen und feste Verhaltensmuster anders gebahnt und verändern sich. Meditation und achtsamkeitsbasierende Trainingsverfahren können dabei sehr hilfreich sein. Die Süddeutsche Zeitung (SZ, 2014) berichtet von der Harvard-Psychologin Sara Lazar und dem Team um den Psychologen Ulrich Ott von dem renommierten Bender Institute of Neuroimaging (BION) der Justus-Liebig-Universität Gießen, die erstmals die Auswirkungen eines bewährten achtsamkeitsbasierten Meditationsverfahrens namens MBSR (Mindfulness-Based Stress Reduction) mittels Hirnscan untersuchten. Während die Teilnehmer/-innen nach acht Wochen MBSR-Praxis berichteten, besser mit Stress umgehen zu können, zeigten sich auch deutliche Veränderungen in der Hirnstruktur: Weniger Dichte der grauen Substanz an der Amygdala, die für die Verarbeitung von Stress und Angst wichtig ist, mehr Dichte dafür im Hippocampus und Regionen, die für Selbstwahrnehmung und Mitgefühl zuständig sind. Das sogenannte Neuroleadership beschäftigt sich intensiv mit der innovativen Entwicklung von Führungspersönlichkeiten, die bei ihrem Führungsstil auch verstärkt die Aspekte der Emotionsregulierung, der Empathie und des Mitgefühls berücksichtigen.

Führen mit Zielvereinbarungen

Damit Ziele und Werte des Unternehmens in das eigene Wertesystem der Mitarbeiter/-innen übernommen werden, bedarf es neben der Vorbildfunktion des Führenden auch einer an Werten und Zielen orientierten guten Führung durch Zielvereinbarungen und der dazu passenden wertschätzenden Kommunikationskultur. Führen durch Zielvereinbarungen bedeutet, dass jeder Mitarbeiter die vereinbarten Unternehmenswerte und Unternehmensziele kennt und weiß, was von ihm erwartet wird. Dementsprechend müssen Führungskräfte Werte und Ziele des Unternehmens in spezifische Ziele für die Abteilung, die Gruppe, den Einzelnen transformieren, aber gleichzeitig auch offen für die Rückmeldungen von der Basis sein. Das gelingt mit einer offenen Kommunikationskultur, die nicht vorwiegend durch Hierarchien, sondern auch durch Zivilcourage, Transparenz, Partizipation, Wertschätzung und Fairness geprägt ist.

Das Prinzip Sinn- und Werteorientierung

Wie in Kapitel 3.7 beschrieben wurde, ist die Sinnfindung eine weitere Voraussetzung für seelische Gesundheit. Nach Beckers Verständnis ist die Sinnfindung zwar eine notwendige, aber nicht hinreichende Bedingung für seelische Gesundheit. Für die Notwendigkeit der Sinnfindung als Faktor seelischer Gesundheit beschreibt Becker, dass die Sinnsuche zur Natur des Menschen gehört. Durch ausreichende Fähigkeiten und ein kohärentes Bezugs- und Orientierungssystem, als Grundüberzeugung, dass das Leben sinnvoll ist und man es erfolgreich meistern kann, bildet die Sinnfindung die Grundlage für planvolles und erfolgreiches Handeln (Becker, 1982). Notwendig auch deshalb, weil eine empirisch nachgewiesene Korrelation zwischen Sinnverlust und psychischer Erkrankung bestehe. Sinnfindung kann seiner Meinung nach aber nicht hinreichend sein, weil zusätzlich auch die psychischen Bedürfnisse entsprechend der Selbstaktualisierung als sinnvoll und im Einklang mit sich selbst und seiner Umgebung befriedigt werden müssen. In Anlehnung an Frankl, Allport und Fromm (Becker 1982) und unter Berücksichtigung der Selbstaktualisierungs- und Selbstregulationstheoretiker kommt Becker zu dem Schluss: »Ein Mensch zeigt erst dann eine ›ideale Entwicklung‹, wenn er sowohl seine biologischen als auch seine sozialen und psychologischen Bedürfnisse angemessen berücksichtigt und befriedigt und auf diesem Weg seinem Leben einen Sinn verleiht.« (ebd., S. 285 f.) Wenn der Mensch sein Erleben und Verhalten als zu sich passend, als kongruent zu seinen eigenen Ressourcen, Interessen und Motiven empfindet, ist ihm eine eigenverantwortliche und selbstwirksame Entwicklung möglich.

Um seine individuellen psychischen Bedürfnisse zu ergründen, muss jeder Mensch herausfinden, was ihm wirklich wichtig ist, wie er es realisieren kann und ob das vermeintlich Wichtige und Wertvolle tatsächlich zum eigenen Wohlbefinden beiträgt. Dazu sollte er wissen, wer er ist, was er braucht, was er kann und was er tatsächlich will. Die Realisierung eigener Werte ergibt zugleich Sinn für den Menschen, da diese von ihm als wertvoll und damit als sinnvoll erachtet werden.

Nach Deci und Ryan (1993) kann die Befriedigung der eigenen Bedürfnisse nach Sicherheit und Geborgenheit auf Dauer nur gelingen, wenn der Mensch neben seinen persönlichen, individuellen Werten und Wünschen auch allgemeine, kollektive und kulturelle Werte als wichtig erachtet und realisiert. Dazu bedarf es neben der Reife und Mündigkeit der Person auch der mehrheitlichen kollektiven Akzeptanz dieser Werte durch die anderen Mitglieder der Gemeinschaft. Hierfür sind mitunter Anstrengungen eines jeden Einzelnen und der Gemeinschaft nötig, die nicht immer mit Lust und guter Laune verbunden sind, aber die die Basis für Zufriedenheit, Freude und Gesundheit jedes Einzelnen und am Ende des Tages auch für den Erfolg der Unternehmung bilden können.

!

Schnellcheck:

- *Erfolgreiches gesellschaftliches und unternehmerisches Handeln wird durch drei Ströme bestimmt: 1. Die Aufmerksamkeit der Beteiligten muss geweckt werden. 2. Das Projekt muss auf der Agenda der Verantwortlichen stehen. 3. Es erfordert die Bereitschaft der Verantwortlichen, Ideen zu kreieren und erprobte Konzepte umzusetzen.*
- *Mitarbeiterorientierte Führung basiert auf drei Prinzipien: 1. Prinzip der Selbstaktualisierung – Mitarbeiterförderung in Bezug auf Fähigkeiten, persönliche Talente und Interessen. 2. Prinzip der Selbstregulation zur Integration von Unternehmenswerten. 3. Prinzip der Sinn- und Werteorientierung als Unterstützungssystem zur persönlichen und beruflichen Entwicklung von Mitarbeiter/-innen. Neben dem »Know how« braucht jede/r einzelne Beschäftigte auch das »Know why«.*

6 Das praktische Beispiel der engelbert strauss GmbH &Co. KG

Wie zu Beginn dieses Buches erläutert, setzt sich das Unternehmen engelbert strauss zum Ziel, eine für die Zukunft richtungsweisende, wertebasierte Unternehmenskultur und mitarbeiterorientierte Führung zu etablieren. Die Beweggründe der Unternehmensführung ergeben sich aus dem Wachstum des Familienunternehmens. Die verschiedenen Unternehmensbereiche und Teams verteilen sich zunehmend in verschiedenen Gebäuden sowie vermehrt an verschiedenen Standorten. Dies bringt auch für die Unternehmenskultur des Familienunternehmens neue Herausforderungen mit sich. Bereits seit über 100 Jahren arbeitet die Familie mit immer mehr Mitarbeiter/-innen auf eine besondere Art zusammen. Zunächst entstand im Kreise der Familie der besondere Unternehmensspirit ganz unbewusst durch die Persönlichkeiten von Firmengründer Engelbert und seiner Frau Lina. Sohn Norbert und Frau Gerlinde haben dann vermehrt auch Mitarbeiter/-innen von außerhalb der Familie eingestellt und haben die Familienkultur täglich und direkt vor- und mitgelebt. Sie haben den *Strauss Spirit* maßgeblich durch den täglichen Umgang, gelebte Rituale und schlanke Strukturen an die wachsende Mitarbeiterzahl weitergegeben und somit die Werte des Unternehmens fest im täglichen Umgang aller Mitarbeiter/-innen verankert. Deren Söhne, die jetzigen Geschäftsführer Steffen und Henning, haben in den letzten 20 Jahren das Unternehmen stark internationalisiert und vergrößert. Zwar ist die Familie Strauss täglich im Unternehmen präsent und lebt die Kultur weiterhin stark vor, jedoch sind bei mehr als 1.300 Mitarbeiter/-innen nun neue Formen und Ideen gefragt, wie alle Abteilungs- und Teamleiter mit ihren Teams den positiven, familiären Spirit im Arbeitsalltag spürbar machen und die Werte miteinander leben können.

Auf der Agenda der Geschäftsführung stehen die Themen Werte und Wohlbefinden bereits seit vielen Jahren. Konkret wurden die Gedanken dann 2017, als beispielsweise eine große Kampagne mit dem Titel *e.s. Glückstour* gestartet wurde. Ihr Fokus war die körperliche und seelische Gesundheit. Die Glückstour wurde von Familie Strauss u. a. vor dem Hintergrund vermehrter psychischer Belastungen und Erkrankungen in der Arbeitswelt ins Leben gerufen. Hierbei fanden Trainings für Führungskräfte zum Umgang mit psychischen Erkrankungen statt. Vorträge, Meditationen, Gesundheits- und Sportkurse wurden angeboten. Wie bereits mehrfach erwähnt, besteht ein enger Zusammenhang zwischen psychischer Gesundheit und Sinnfindung. Die *e.s. Glückstour* war nur der Anfang für vermehrte Beschäftigung mit diesen Themen. Im Jahr 2018 wurde aus dem Thema Glück der wissenschaftlich korrekte Begriff des Wohlbefindens. Zur Steigerung des Wohlbefindens im Berufsalltag eines wachsenden Unternehmens wuchs der Gedanke an ein einheitliches Verständnis im Umgang miteinander. Der bisherige Unternehmensslogan *enjoy work* sollte deshalb durch kraftvolle Worte und Werte eindeutig beschreibbar und für alle Mitarbeiter/-innen greifbar gemacht werden. Im Sinne der Aufmerksamkeitsfokussierung für die gesamte Belegschaft wurde von Steffen Strauss 2018 das Projekt *WerteWerkstatt* ins Leben gerufen. Mit ihr sollten die *Strauss-Kultur* und das gemeinsame Verständnis von *enjoy work* greifbar, erlebbar und einfach beschreibbar gemacht werden. Die erste Aufgabe lautete: Werte als gemeinsame Grundlage definieren. Die Werte sollten dem *Strauss-Geist* entsprechen, traditionell verwurzelt, aber zugleich auch zukunftsweisend für das Unternehmen sein. Sie sollten zudem nachvollziehbar, erlebbar und bereichernd wirken sowie allen Mitarbeiter/-innen und Führungskräften eine klare Orientierung im täglichen Miteinander geben. Das Ziel war, die gefundenen Werte breitflächig zu kommunizieren und langfristig im Führungs- und Teamalltag durch individuelle Konzepte und Tools zu integrieren.

Der Auftrag der Geschäftsführung zum Aufbau der *WerteWerkstatt* verbunden mit ihrer klaren Aufgabenbeschreibung im Hinblick auf die Aufmerksamkeitsfokussierung durch Erfassung und Kommunikation der Strauss-Werte sowie die konsequente Umsetzung der gefundenen Werte im Unternehmensalltag entspricht den von Kingdon geforderten drei Strömen. Vor allem das klare Bekenntnis der beiden Geschäftsführer Henning und Steffen Strauss für Werte und Wohlbefinden im Unternehmen engelbert strauss bildeten die Erfolgsfaktoren des Projekts. Die prozessorientierte Vorgehensweise zur Zusammenführung der genannten Ströme, der Aufmerksamkeitsfokussierung und Priorisierung der Werteorientierung auf der Agenda der Unternehmensleitung und die Umsetzungsmöglichkeiten werden nachfolgend beschrieben.

6.1 Aufmerksamkeitsfokussierung für Werte und Wohlbefinden

Zu Beginn des Projektes wurde eine Steuerungsgruppe gebildet, bestehend aus Geschäftsführung, drei Abteilungsleitungen sowie zwei Personalern. In der Steuerungsgruppe wurde der Prozess skizziert und gemeinsam die notwendigen Entscheidungen zum Vorgehen in der *WerteWerkstatt* getroffen. Die wichtigsten Entscheidungsprinzipien der Steuerungsgruppe waren allgemeine Transparenz, zeitnahe Präsenz und der Einbezug aller Mitarbeiter/-innen in das Projekt. Die Steuerungsgruppe legte fest, dass die Werte durch einen Bottom-up-Ansatz herausgearbeitet werden. Jeder sollte die Möglichkeit haben, sich einzubringen und mitzugestalten. Die erste Kommunikation an alle Mitarbeiter/-innen bezüglich der *WerteWerkstatt* war eine Nachricht von Steffen Strauss, in der das Projekt vorgestellt wurde. Es wurde außerdem mitgeteilt, dass ein Projektteam mit Vertretern aus allen Teams und Hierarchiestufen gesucht wird, welches den Prozess gemeinsam mit der Personalentwicklung und einem externen Trainerteam gestalten soll. Gemeldet haben sich 60 Mitarbeiter/-innen, die begeistert waren, dem *Strauss-Geist* noch näher zu kommen. Alle 60 Mitarbeiter/-innen, von den Auszubildenden bis zu den Abteilungsleitungen, bildeten somit das Projektteam.

Der Prozess der WerteWerkstatt bei engelbert strauss wird im Überblick in der nachfolgenden Abbildung verdeutlicht:

April 2018	Oktober 2018	9. Oktober 2018
• Auftrag von Steffen Strauss an HR • Auwahl des Trainer teams zur externen Begleitung • Prozessgestaltung	• E-Mail an alle Mitarbeiter/-innen mit dem Angebot, Teil des Projektteams Werte-Werkstatt zu sein. • Zusammenstellung des Teams	• Kick off des Projekt-teams • Einstieg in das Thema Werte • Planen der nächsten Schritte
19. - 23. November 2018	**29. November 2018**	**13. Dezember 2018**
• Durchführung einer anonymen Befragung zu dem Werteerleben der Mitarbeiter/-innen mit 300 Rückmeldungen	• Auswertung der Befragung durch das Projektteam • Clustern der Begriffe • Herausarbeiten der ersten „Kernwerte"	• Sichten der Arbeitsergebnisse der Workshops und Einbringen weiterer Ideen durch die Familie und Abteilungsleiter/-innen.
18. Dezember 2018	**21. Dezember 2018**	**12. Februar 2018**
• Zusammenfügen aller Ergebnisse gemeinsam mit dem Projekt-team • Übersetzen der Leitwerte in beobachtbares Verhalten	• Verabschieden der Kernwerte und des beobachtbaren Verhaltens durch die Steuerungsgruppe	• Realitätscheck der Werte und des beobachtbaren Verhaltens mit den Abteilungsleiter/innen • Weitergabe der Wertebegriffe an PR zur textlichen Überarbeitung
17. Mai 2019	**11. Mai 2019**	**12. - 14. Juni2019**
• Vorstellen der finalen Formulierungen an das Projektteam • Bilden von fünf Projekt-gruppen für die fünf Werte-Monate • Abstimmen des weiteren Vorgehens	• Kick off Event alle Führungskräfte und das Projektteam	• Werte Workshops für alle Führungskräfte
Juli - November 2019		
• Kommunikation der werte durch Werteaktionen, organisiert durch die Projektgruppen • Visualisieren der Werte in den Gebäuden • Schaffen von Austauschplattformen zum wertebasierten Austausch der Führungskräfte		

Abb. 6: Prozess der WerteWerkstatt 2018–2019 (engelbert strauss 2019)

In den Workshops der Projektgruppe wurden verschiedene Methoden genutzt, um die Werte systematisch herauszuarbeiten und auszugestalten. Eine wichtige Entscheidung, die von der Projektgruppe getroffen wurde, war, dass alle Mitarbeiter/-innen des gesamten Unternehmens sowie Kunden und Partner in den Prozess eingebunden werden sollten. Durch eine anonyme, schriftliche Vollbefragung wurde ihnen die Möglichkeit gegeben, sich an der Ausarbeitung der Werte zu beteiligen. Gefragt wurde hierbei nach den Begriffen, die mit *e.s.* verbunden werden, mit dazugehörigen sichtbaren Beispielen sowie nach den Eigenschaften, die das Unternehmen hätte, wenn es in der personalisierten Form als Mensch verstanden würde. Die mehr als 300 Rückmeldungen wurden anschließend in der Projektgruppe ausgewertet und erste *Werte-Cluster* konnten gebildet werden. Diese wurden dann in konkretes Verhalten und Beschreibungen übersetzt, sowie von der Steuerungsgruppe verabschiedet. Anschließend befasste sich die Steuerungsgruppe damit, die Werte einem Realitätscheck zu unterziehen und ergänzte sie durch konkrete Beispiele und Beschreibungen. Nach einer Übergabe an das kreative Konzeptdesign-Team, das mit seiner textlichen Kompetenz die fünf Kernwerte und Beschreibungen final in Unternehmenssprache formulierte, konnte der Prozess zur Kommunikation der Werte vorbereitet werden.

Die Kommunikation und Integration der Werte bei e.s.

Die nachfolgende Abbildung zeigt das Ergebnis der *WerteWerkstatt* – die fünf Strauss-Werte mit ihren Slogans. Jedem Wert wurde eine Farbe zugeordnet. Dies schafft eine emotionalere Ansprache und ein schnelles Wiedererkennen. Neben den Worten und Farben wurde außerdem ein bildliches Element geschaffen – der Strauss des Unternehmenslogos erstrahlt in den Farben der Werte und wird damit zum individuellen Logo für die Strauss-Werte.

Damit die Bedeutung der Wertebegriffe mit ihren Slogans noch klarer wird, wurden sie textlich ergänzt. Diese Ergänzungen können jederzeit für die Kommunikation genutzt werden, jedoch stehen die Strauss-Werte mit ihren Slogans aus obiger Abbildung im ersten Schritt immer für sich. Um neben der Schrift und dem »Wertestrauss« auch einen visuellen Anreiz in Form von Realbildern zu geben, wurde auf einer Straußenfarm im Frühjahr 2019 ein Werte-Shooting durchgeführt. Jedem Wert wurde dann ein Bild des Shootings zugeordnet und durch einen realitätsnahen Text ergänzt.

Die nachfolgende Abbildung zeigt die Texte zu den einzelnen Werten, um diese auch beim Lesen schon möglichst greifbar, erlebbar, wiedererkennbar und individuell zu gestalten.

Abb. 7: Logo der Strauss-Werte und die fünf Werte des Unternehmens inklusive Slogans (engelbert strauss, 2019)

Die Veröffentlichung der Werte an die unterschiedlichen Interessensgruppen erfolgte zeitnah. Zuerst wurden die Ergebnisse den Abteilungs- und Teamleitungen präsentiert. Danach folgte ein Workshop mit dem gesamten Projektteam, bei dem die finalen Formulierungen vorgestellt wurden. Anschließend hat eine offizielle Kommunikation der Werte an alle Mitarbeiter/-innen stattgefunden. Gemeinsam mit der Veröffentlichung erfolgte auch die Bekanntmachung der nächsten Schritte. Hierzu wurde eine Kick-off-Veranstaltung für alle Führungskräfte und das Projektteam organisiert. Für die gesamte Belegschaft wurden von Juli bis November 2019 durch verschiedene Aktionen die *Werte-Monate* gestaltet, welche in Kapitel 6.3 unter »Erlebbare Aktionen durch die Werte-Monate bei engelbert strauss« näher vorgestellt werden. Darüber hinaus wurden nach der Bekanntmachung der Werte in den verschiedenen Gebäuden aller Standorte des Unternehmens Schriftzüge angebracht, die die fünf Werte und deren Slogans umfassten.

BEGEISTERUNG

Ein Strauss beflügelt

Ein Strauss sein heißt, begeistert zu sein und dadurch andere zu begeistern! Unsere Begeisterung hat viele Gründe: Coole Marke, super Produkte, nette Kollegen, gutes Essen, und, und, und. So entsteht ein Spirit, der dich zuhause am Kaffeetisch stolz von deiner Arbeit erzählen, der dich jeden Tag dein Bestes für unsere Kunden geben lässt, der dich beflügelt.

WERTSCHÄTZUNG

Ein Strauss schätzt jede Feder

Wir Strausse schätzen Dinge von Wert. Und Wertvolles gibt es auf vielen Ebenen. Das Miteinander zum Beispiel. Ein respektvoller Umgang, ehrliche und offene Kommunikation – daraus entsteht Wertschätzung, die jeder jeden Tag spürt. Und diese Wertschätzung zeigt sich in so viel mehr Dingen – wir Strausse sind verliebt in das Detail. Denn uns interessiert sogar die Bohne. Aus der Qualität der noch so kleinen Dinge entsteht der Wert des großen Ganzen.

EINSATZFREUDE

Ein Strauss setzt sich ein.

Ein Strauss setzt sich für das ein, was wirklich zählt: Für den Menschen. Das ist fest in der Strauss-DNA verankert. Wo immer wir tätig sind, arbeiten wir mit Menschen. Und für die setzen wir uns mit Freude ein. Wir bauen Schulen in Bangladesch und Uganda, wir setzen uns für die Menschen ein, die unsere Produkte herstellen, wir setzen uns füreinander ein, und ganz besonders für unsere Kunden. Macht uns Spaß!

GEMEINSCHAFT

Gemeinsam können Strausse fliegen

Strauss sein verbindet. Denn wir teilen Werte. Gemeinschaft und Zusammenhalt waren von Beginn an Grundvoraussetzung für den Erfolg: Als Engelbert noch durch Deutschland tourte, hatte er in Lina zuhause den starken Rückhalt. Und auch alle anderen Familienmitglieder zogen an einem Strang. Die Familie ist über die Jahre gewachsen, aus einer Handvoll wurden Tausend. Und nach wie vor gilt: Strausse helfen ungefragt. Wir feiern zusammen, wir lachen zusammen, und gemeinsam machen wir Kunden glücklich!

PIONIERGEIST

Ein Strauss läuft voran

Ein Strauss geht immer mutig nach vorne. Auf dem Erfolg ausruhen? Das machen andere. Und damit Neues entstehen kann, muss Bestehendes infrage gestellt werden. Das macht man bei Strauss seit 100 Jahren! Und dieser Pioniergeist steckt noch heute überall drin, wo Strauss draufsteht: in unseren Gebäuden, in e.s.Café, Cucina und La Pampa, und natürlich in unseren Produkten!

Abb. 8: Die Strauss-Werte-Texte (engelbert strauss, 2019)

6.2 Werte und Wohlbefinden auf der Agenda der Entscheidungsträger

Alle Maßnahmen der Aufmerksamkeitsfokussierung, von Kingdon als erster Strom bezeichnet, waren von Anfang an ein fester Bestandteil der Agenda der Geschäftsleitung. Der zweite von Kingdon genannte Strom, die Priorisierung der Werteorientierung auf der Agenda der Geschäftsleitung, folgt dem immanent vorhandenen *Strauss Spirit*. Dieser Spirit basiert auf einem humanistischen Menschenbild, das in jedem Menschen eine eigenständige, in sich wertvolle Persönlichkeit sieht, die nach selbstbestimmter Entfaltung strebt und zu Problemlösungen fähig ist. In diesem Verständnis werden Mitarbeiter/-innen durch die bodenständige Art der Geschäftsführung und der übrigen Führungskräfte wertschätzend inspiriert, intellektuell angeregt, persönlich gestärkt und gefördert. Die familiäre Eingebundenheit der Beschäftigten im sozialen System der Unternehmung vermittelt das Gefühl von Sicherheit und Geborgenheit. Die Intention der beiden Geschäftsführer Henning und Steffen Strauss, die mitarbeiterorientierte Führung und wertebasierte Unternehmenskultur zu implementieren, weiter zu intensivieren und zu konkretisieren, ist einerseits der wachsenden Unternehmung geschuldet und entspricht andererseits der von Engelbert Strauss und seiner Frau Lina geschaffenen und von Norbert und Gerlinde Strauss weitergetragenen und gefestigten Unternehmensethik. Die Enkel des Firmengründers haben den Spirit der Eltern und Großeltern verinnerlicht, konkretisiert, operationalisiert und als festen Bestandteil in ihre Agenda integriert. Die Realisierung der mit dieser Agenda verbundenen Projekte, Maßnahmen und Entscheidungen entsprechen deshalb den tief verwurzelten gesinnungs- und verantwortungsethischen Grundsätzen der Geschäftsführung. Durch charismatisch gelebte Haltungen und Einstellungen möchten sie Vorbild für alle Mitarbeiter/-innen sein und sind sich ihrer Verantwortung für das eigene Handeln bewusst.

Die durch die Befragung extrahierten Werte Begeisterung, Einsatzfreude, Wertschätzung, Gemeinschaft und Pioniergeist entsprechen zugleich dem *Strauss Spirit*, wie auch der inneren Überzeugung der Geschäftsführung. Der von Kingdon genannte zweite Strom, die Priorisierung auf der Agenda der Verantwortlichen als Voraussetzung für die erfolgreiche Implementierung einer Werteorientierung, ist der Garant für die kontinuierliche Weiterentwicklung und Umsetzung der Werteorientierung bei engelbert strauss. Die daraus folgenden Maßnahmen, der dritte Strom nach Kingdon, werden beispielhaft im nächsten Abschnitt beschrieben.

6.3 Ideen, Konzepte, Entscheidungen und Umsetzung von Werten

Im Rahmen der Veröffentlichung der Unternehmenswerte wurde eine Kick-off-Woche initiiert, in der ein Speaker-Event und mehrere Workshops für die Führungskräfte stattfanden. Alle Führungskräfte, das Projektteam, das Personalteam sowie einige Gäste der Unternehmerfamilie waren zu dem Speaker-Event eingeladen. An einem Nachmittag teilten vier verschiedene Keynote Speaker mit den Gästen ihre Sicht zu den Themen Werte, Wohlbefinden und Glück. Ein Moderator führte professionell und abwechslungsreich durch das Programm, nachdem Steffen Strauss das Event eröffnet hatte. Ziel des Speaker-Events war neben dem Start in die Kick-off-Woche die Inspiration und Einstimmung der Führungskräfte und des Projektteams auf die nächsten Tage und die bevorstehenden *Werte-Monate*. Durch den Ansatz der vier Gastredner sollten die Zuhörer persönliche und individuelle Ansatzpunkte zu den Themen Werte und Wohlbefinden sammeln und eine Begeisterung für das Thema entfachen. Die vier Keynote Speaker kamen aus folgenden Bereichen: Inklusive Schule, Wissenschaft und Pädagogik, Fitness und Health sowie Medizin und Gesundheit. Sie referierten aus ihrem persönlichen Alltag in Bezug auf die Themen Werte, Glück und Wohlbefinden. So erhielten alle Zuhörer wertvolle Einblicke und Impulse in die Arbeit als inklusiver Grundschulleiter, als Gründer des Schulfachs *Glück* und Wissenschaftler zu diesem Thema, als Bootcamp-Trainer zu dem Konzept der eigenen mentalen Stärke sowie in die Arbeit als Klinik-Clown und Humor-Trainer.

Im Anschluss an das Speaker-Event fanden für alle Führungskräfte jeweils halbtägige Werte-Workshops statt. Zielsetzung war, allen Führungskräften die Zeit und Möglichkeit zu geben, sich nochmals mit den Werten zu beschäftigen und sich dazu auszutauschen. Die eigene Arbeit wurde mit den Werten in Verbindung gebracht und gemeinsam konnten erste Ideen gesammelt werden, wie die Werte langfristig in den Alltag des eigenen Teams integriert werden können.

Erlebbare Aktionen durch die Werte-Monate bei engelbert strauss

Für das Jahr 2019 wurde es sich zum Ziel gesetzt, dass alle Strausse die Werte gehört, gesehen und erlebt haben sowie mit jedem Wert etwas verbinden. Damit entstand die Idee der *Werte-Monate*. Bereits im Mai 2019 fand ein Treffen der Personalentwicklung mit dem Projektteam statt. Hierbei wurde die Planung der *Strauss-Werte-Monate* vorgestellt. Entsprechend der Planung sollte jeder einzelne Wert in einem Monat durch Aktionen und Events erlebbar gemacht werden. Hierzu wurden die Werte den Monaten Juli bis November zugeordnet und jeder, der bei der Planung und Durchführung unterstützen wollte, suchte sich einen Wert und somit einen Monat aus. Wichtig war das Prinzip der Freiwilligkeit und Begeisterung für die *Werte-Monate*, denn die unternehmensweiten Aktionen fanden ausschließlich neben dem Tagesgeschäft statt und erforderten eine hohe persönliche Einsatzfreude mit viel Planung, Verantwortung und Teamgeist. Mehr als vierzig der ursprünglich sechzig Projektteammitglieder nahmen die Aufgabe und Herausforderung an. So starteten die Strauss-Werte-Monate im Juli 2019 in enger Absprache zwischen den Werte-Teams, der Personalentwicklung sowie Steffen Strauss.

Es entstanden Monat für Monat kreative Aktionen, die von allen Mitarbeiter/-innen mit großer Teilnahme und vielen Anmeldungen wertgeschätzt wurden. Nachfolgend werden einige beispielhafte Aktionen aus den *Werte-Monaten* aufgezeigt:

Der Wert Begeisterung wurde im Juli durch professionelle Trommler eingeläutet, die in den unterschiedlichen Teams und Gebäuden für positive Stimmung und einen Überraschungseffekt sorgten. Zudem gab es in den Pausen Aktionen wie Fußball-Dart. Die Neuprodukte der kommenden Saison wurden in Form einer offenen Ausstellung allen Mitarbeiter/-innen präsentiert sowie Straußeneier von allen Teams mit großer Kreativität zum Thema Begeisterung veredelt.

Im Zeichen der Wertschätzung gab es im August die Möglichkeit, unter dem Motto »Was dich für mich so wertvoll macht ...« Postkarten mit persönlichen Botschaften an einzelne Personen oder Teams zu verteilen. Außerdem konnten die Mitarbeiter/-innen Videobotschaften mit einem Dank oder Lob aufnehmen, welche im Zusammenschnitt dann ein Wertschätzungsvideo an alle Teams ergaben. Diese emotionalen Erinnerungen wirken auch mit zeitlichem Abstand immer wieder wertschätzend und motivierend.

Das Thema Einsatzfreude lud im September zu Gesundheitstagen mit Vorträgen und aktiven Übungen ein. Gemeinsam mit dem Deutschen Roten Kreuz wurde eine Blutspende im Unternehmen realisiert und unter dem Motto »Einsatzfreude mal (wo)anders« konnten sich die Mitarbeiter/-innen nach dem Prinzip der Jobrotation für einige Stunden in einem anderen Team beweisen sowie neue Aufgaben und Kollegen/-innen kennenlernen.

Ein Oktober der Gemeinschaft wurde durch die Veröffentlichung von Zahlen gemeinsam erreichter Leistungen geschaffen. Diese Zahlen wurden über die Mitarbeiter-App des Unternehmens mit allen Kolleginnen und Kollegen geteilt. Zudem gab es über hundert Anmeldungen zum *Lunch Roulette*, bei dem die Tandems für eine gemeinsame Mittagspause ausgelost wurden. Um die Gemeinschaft auch innerhalb der Teams weiter zu stärken, konnten sich alle Teams mit kreativen Bewerbungen für ein Teamevent ihrer Wahl bewerben und wurden im Anschluss finanziell bei der Umsetzung des Events unterstützt.

Den Abschluss bildete der Pioniergeist im November mit einem besonderen Getränke-Special im hauseigenen Café, Buchempfehlungen aus dem *Strauss Study Room* und mit der *Strauss Fashion Week*, bei der jeder ein Kleidungsstück des Unternehmens kreativ kombinieren und das Bild dazu einreichen konnte. Kraftvolle Pioniermomente sammelte eine Gruppe beim Erklimmen des Dachstein-Gletschers in Österreich und schnitt für alle ein Video zusammen, welches gleichzeitig die größten Pioniermomente des Unternehmens aufgriff und zeigte.

Eine gemeinsame Austauschplattform zu den Werten für alle Führungskräfte wurde durch die Personalentwicklung mit dem Format »Werte zum Frühstück mit Steffen Strauss« geschaffen. Jeden Monat wurde ein Wert beleuchtet und sich dazu im moderierten Rahmen ausgetauscht. Highlights dabei waren die Einblicke von Steffen Strauss sowie die wechselnden Tools und Methoden, die zum Austausch genutzt wurden. Darüber hinaus entwickelte sich aus diesen Runden ein erfolgreiches dauerhaftes Austauschformat, das nun jeden Monat auf Teamleiter-Ebene stattfindet.

Abschließend kann zusammengefasst werden, dass die Werte nicht nur im Jahr 2018 in hoher Intensität herausgearbeitet wurden, sondern dass sie vor allem auch 2019 mit viel Energie und Ressourcen kommuniziert wurden. Alle Teams und Führungskräfte waren beteiligt und die Einsatzfreude der Projektteammitglieder wurde gut genutzt. Für engelbert strauss lässt sich schlussfolgern, dass der Prozess und der Ablauf der Kommunikation sowohl für die *WerteWerkstatt* als auch für die gesamte Belegschaft in den Jahren 2018 und 2019 sehr erfolgreich waren. Weitere positive Praxisbeispiele, wie die Strauss-Werte im Unternehmen integriert sind und wie sie gelebt werden sollen, wird nachfolgend beschrieben.

Die Strauss-Werte als Grundlage einer neuen Feedbackkultur

Im Sinne einer wertschätzenden und zielführenden Kommunikation wurde im Unternehmen engelbert strauss eine neue Feedbackkultur implementiert. Da das Unternehmen in den letzten zehn Jahren besonders schnell expandiert ist, Abteilungen stark gewachsen sind und Teams und Führungskräfte hinzukamen, hat jede Abteilung ihre Strukturen erweitert und neue Prozesse eingeführt. Darunter fallen auch die zum Teil ähnlichen, aber in Summe doch unterschiedlichen Verfahren zum Thema Feedback.

Die Vereinheitlichung des Feedbackgebens im Unternehmen stand schon länger auf der Agenda der Geschäftsführung sowie des Personalteams, jedoch hatten andere Themen bisher Priorität. Mit der Umsetzung der Strauss-Werte ab 2019 hat sich dann schließlich die passende Grundlage geboten, um auch den Führungskräften zeitnah ein Tool an die Hand zu geben, mit welchem sie die Werte direkt und authentisch im Alltag ihrer Teams kommunizieren und umsetzen können.

So wurde die *e.s. Feedback Ampel* kreiert, die z. B. verhaltensbezogene Rückmeldungen in den Jahresgesprächen mit Mitarbeiter/-innen ersetzen soll. Mit den Werten als Basis baut sich das Feedback aus mehreren Phasen auf. Grundgedanken sind ein direktes und schnelles Feedback, unabhängig vom Thema, der Einbezug des Feedbacknehmers in die Lösungsfindung und eine hohe Transparenz bezüglich der Feedbackphase.

Die folgende Abbildung zeigt die *e.s. Feedback Ampel* als einheitliches Führungstool auf Grundlage der Strauss-Werte.

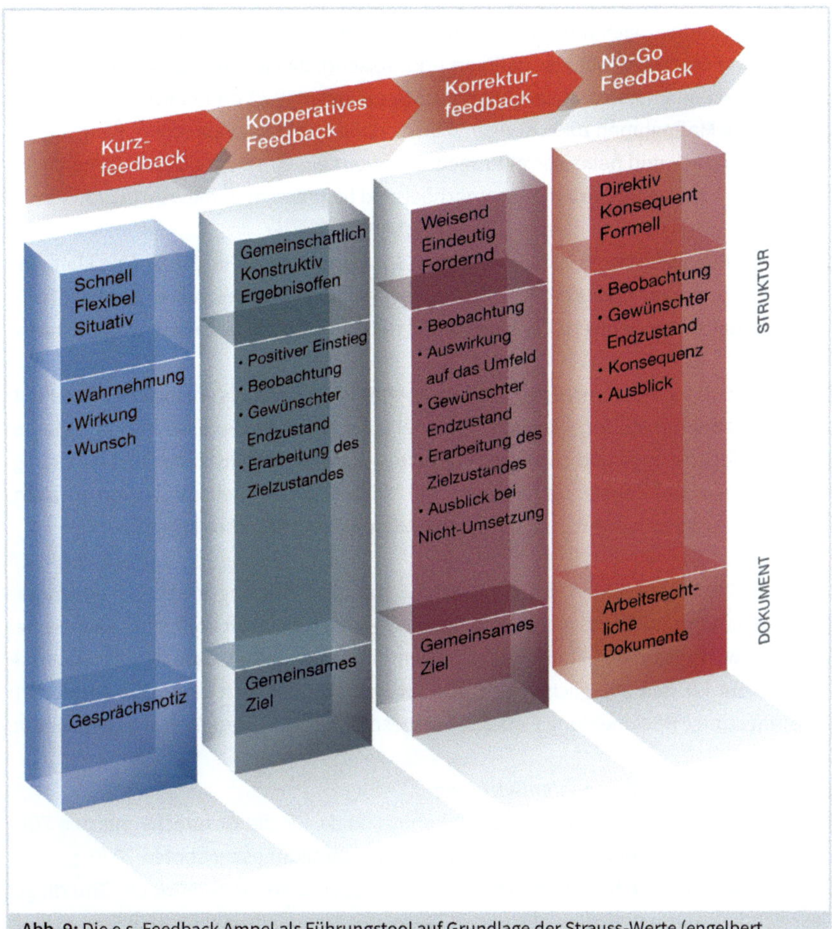

Abb. 9: Die e.s. Feedback Ampel als Führungstool auf Grundlage der Strauss-Werte (engelbert strauss, 2019)

Das Kurzfeedback kann als spontanes Tür-und-Angel-Gespräch geführt werden. Rückgemeldet wird ein konkretes Verhalten, welches dem Feedbackgeber positiv oder negativ aufgefallen ist. Hier macht sich der Feedbackgeber maximal eine persönliche Gesprächsnotiz.

Ab dem kooperativen Feedback setzen sich Feedbackgeber und -nehmer offiziell, aber auch kurzfristig zusammen. Beim kooperativen Feedback gibt es einen generellen vom Feedbackgeber gewünschten Zielzustand. Es muss hier kein negatives Verhalten seitens des Feedbacknehmers vorliegen, es kann auch jederzeit als Vorbereitung auf eine Aufgabe oder ein Projekt genutzt werden. Beratend und coachend wird zusammen besprochen, was das gemeinsame Ziel umfasst und welche Schritte nötig sind, um das Ziel zu erreichen. Hier kann sich der Feedbacknehmer mit all seinen Ideen und Lösungsvorschlägen selbst einbringen.

Beim Korrekturfeedback wird ebenso ein gewünschter Zielzustand formuliert, jedoch ist dieser vom Feedbackgeber klar definiert und weisend, da ein unerwünschtes Verhalten des Feedbacknehmers vorausgegangen ist. Gemeinsam wird dann bestenfalls wiederum über die Maßnahmen zur Lösung und Erreichung des Ziels gesprochen. Beim kooperativen Feedback und beim Korrekturfeedback dient ein einseitiger Gesprächsleitfaden als unterstützendes Dokument, was anschließend fristgerecht aufbewahrt wird.

Das No-go-Feedback ist die letzte Phase der *e.s. Feedback Ampel* und stellt eine klare und formelle Ermahnung oder Abmahnung dar. Hier entspricht das Verhalten des Feedbacknehmers klar einem Fehlverhalten, das direkt und unmittelbar abgestellt werden muss.

Die verschiedenen Phasen des neuen, einheitlichen Führungstools entsprechen einer mitarbeiterorientierten Kultur, wie auch in Kapitel 5.2 dargestellt. Der Einzelne kann hierbei selbst Einfluss nehmen und Lösungen erarbeiten. Das Feedback ist möglichst kurzfristig, direkt und nachvollziehbar. Dadurch soll sich langfristig die Arbeitsmotivation erhöhen, indem jederzeit transparent und vertrauensvoll miteinander kommuniziert wird.

Im Herbst 2019 starteten eintägige Workshops mit allen Führungskräften, in denen das Instrument vorgestellt und gemeinsam in Rollenspielen und mit konkreten Fallbeispielen geübt wurde. Von den Führungskräften wurde rückgemeldet, dass dies ein sehr hilfreiches Tool für den alltäglichen Umgang sei und sich dadurch langfristig vermutlich viele langatmige Rückmeldungs- oder Jahresgespräche für beide Seiten ersparen lassen.

Strauss-Werte in der Personalentwicklung

Der Launch der Werte im Sommer 2019 konnte direkt für die Gespräche mit den Führungskräften zur Planung des Trainings- und Weiterbildungsangebotes 2020 genutzt werden. So bilden auch im Trainingsangebot die Strauss-Werte ab 2020 die Grundlage. Sehr sichtbar wurde dies direkt durch den Teaser des Trainingsangebots »Ein Strauss läuft voran«, welches der Slogan des Wertes Pioniergeist ist. Denn viel Pionierarbeit floss in das neue Angebot mit ein, so werden zum Beispiel vermehrt E-Learnings angeboten und eine eigene digitale Lernplattform inklusive selbst erstellten Lernvideos zur Verfügung gestellt. Die Werte finden sich außerdem in den Beschreibungen der einzelnen Trainings wieder. Im Abschnitt, der beschreibt, was die einzelnen Trainingsteilnehmer/-innen mit in das Training einbringen sollten, heißt es beispielsweise »Einsatzfreude – es wird viel geübt« sowie »Begeisterung am teamübergreifenden Austausch mit Kolleginnen und Kollegen«.

Im neu überarbeiteten Talentprogramm *e.s. talents* bilden die Werte ganz explizit den Grundstein. Sie strukturieren die Inhalte des Programms, bilden die Kommunikation dazu und sind Kriterien des Auswahlverfahrens. Durch die konsequente farbliche Gestaltung sind die Inhalte übersichtlich den Werten zugeordnet und jederzeit nachvollziehbar. Folgende Abbildung zeigt die kommunizierten Ziele und den werteorientierten Prozess des Talentprogramms auf.

BEGEISTERUNG

Begeistere uns von deiner Motivation, Teil des e.s. talents Programms zu werden. In einem Auswahlverfahren hast du die Möglichkeit dich und deine Ziele, die du mit dem Programm erreichen möchtest, in Szene zu setzen.

WERTSCHÄTZUNG

Qualität und Fortschritt werden bei uns großgeschrieben – natürlich steht darum auch deine fachliche Weiterbildung auf dem Stundenplan. Ganz individuell und maßgeschneidert auf dich und deine Ziele.

EINSATZFREUDE

Während des Programms wirst du an verschiedenen, abteilungsübergreifenden Projekten mitarbeiten. Setz dich ein, probiere Neues aus und wachse über dich hinaus.

GEMEINSCHAFT

Du tauschst dich mit anderen Teilnehmern des Programms aus und ihr arbeitet gemeinsam an euren Soft Skills. Außerdem stehen während der zwei Jahre feste Ansprechpartner an deiner Seite.

PIONIERGEIST

Ein Strauss läuft voran. Nimm deine fachliche und persönliche Weiterentwicklung selbst in die Hand. Nutze digitale Lernformate und externe Trainings, die dich fit für die Zukunft machen.

Abb. 10: Ziele des »engelbert strauss«-Talentprogramms auf Grundlage der Strauss-Werte (engelbert strauss, 2020)

Ein abschließendes Beispiel für die Integration der Werte in den Weiterbildungsalltag sind die spontan und individuell ins Leben gerufenen Rekrutierungsworkshops für Führungskräfte. Aufgrund der Neuerungen durch die Werte im Rekrutierungsprozess haben alle Führungskräfte die Möglichkeit zum Austausch und Üben. In einem halbtägigen Training stellen Führungskräfte und ihr zuständiges Rekrutierungsteam die Weichen für ein gemeinsam abgestimmtes Vorgehen und integriertes Konzept im Auswahlprozess neuer Mitarbeiterinnen und Mitarbeiter.

Die Strauss-Werte als Grundlage der Rekrutierung und des Onboarding-Prozesses

Dem Unternehmen engelbert strauss war es 2019 neben den vielen Aktionen und sichtbaren Angeboten für alle Mitarbeiter/-innen sehr wichtig, auch die ersten Schritte einer tiefer liegenden Integration der Werte in den dauerhaften Arbeitsalltag zu gehen.

Da das Personalteam bereits von Beginn an mit den Werten vertraut war, konnte hier schon im Frühjahr 2019 mit der Integration und Implementierung gestartet werden. Wie die Werte hier Grundlage für viele dauerhafte Prozesse wurden, wird in den nächsten beiden Abschnitten dargestellt.

Bereits im Frühjahr 2019 startete das Personalteam mit der Ableitung der Werte in die dauerhaften Prozesse und Aufgaben innerhalb des Unternehmens. Wichtig war hier die frühzeitige Beschäftigung mit den Werten, um sich einen Vorsprung für den Zeitpunkt zu verschaffen, wenn vermehrt Kolleginnen und Kollegen sowie Führungskräfte mit Fragen auf das Personalteam zukommen würden. Auf diese Weise konnte das Team direkt nach der internen Kommunikation der Werte aufkommende Fragen beantworten und die Führungskräfte kompetent auf Grundlage der Werte beraten.

Die Strauss-Werte in der Rekrutierung

Zuerst wurden die fünf Werte in sichtbare Verhaltensbeschreibungen der Bewerber/-innen übersetzt. Anschließend wurden zu jedem Wert und Verhalten Fragen für das Video- und Telefoninterview sowie für das Vorstellungsgespräch formuliert. Die Beantwortung dieser Fragen soll vermehrt aufzeigen, wie die Einstellung und das Verhalten der Bewerber/-innen in Bezug zu den erforderlichen Werten für die Position stehen. Ebenso wurden die fünf Werte in die Entscheidungsmatrix jedes Kandidaten aufgenommen, um ein schnelles und vergleichbares Bild aller Recruiter und Fachentscheider bzgl. aller Anforderungskriterien zu erhalten.

Da jede Position individuell ist, besitzt auch jede Position des Unternehmens ein eigenes Anforderungsprofil. Hierin sind die Anforderungskriterien festgelegt, die Bewerber/-innen mitbringen sollten, um die Aufgaben der Position und die dazugehörigen Herausforderungen möglichst gut zu erfüllen. Neben fachlichen Kriterien wurden im Frühjahr 2019 die Strauss-Werte ergänzt. Dabei sind aber nicht alle Werte bei jeder Position gleich gewichtet, sondern die Recruiter legen für jede Position die zwei bis drei Werte fest, die für die Position besonders erfolgsentscheidend sind. Zum Beispiel ist bei einem Workwear Designer besonderer Pioniergeist in Bezug auf neue Designs und Kollektionen gefragt, während im Kundenservice die Begeisterung und die Wertschätzung für unsere Kunden und Produkte höher priorisiert sind.

Durch eine noch bessere kulturelle Passung zwischen Bewerber/-in und Unternehmen wird sich eine höhere Motivation und größere Einsatzfreude versprochen. Durch eine gute Passung kann sich außerdem das Wohlbefinden des Einzelnen erhöhen. Das Team verfolgt intern im Umgang miteinander die gleichen, transparenten Werte wie in der externen Kommunikation mit Kunden, Lieferanten und Partnern.

Die Strauss-Werte im Onboarding-Prozess

Ebenfalls ab Frühjahr 2019 wurden vermehrt einheitliche Aktionen für alle neuen Mitarbeiter/-innen im Unternehmen geschaffen. Die Mitarbeiter-App ermöglicht individuelle Zugänge zu Informationen über das Unternehmen – bereits vor dem Tag des Eintritts. Dadurch wird, neben individuellen Anrufen durch das Personalteam, die Zeit zwischen Vertragsunterzeichnung und tatsächlichem Eintritt bereits genutzt, um in Verbindung zu bleiben und allen neuen Kolleginnen und Kollegen zu zeigen, dass sie frühzeitig zum Team gehören und dass ihr Eintritt mit Freude erwartet wird.

Am ersten Tag werden alle neuen Mitarbeiter/-innen persönlich begrüßt – auch von Steffen Strauss – und erhalten bereits eine Einführung zu den Strauss-Werten. Ein tieferes Verständnis zum Unternehmen, der Historie und den Werten erhalten alle Neuen durch den »engelbert strauss«-Philosophie-Workshop. Einen halben Tag lang werden in einer teamübergreifenden Gruppe aus neuen Kolleginnen und Kollegen alle Fragen zum Unternehmen geklärt, Anekdoten zur Geschichte erzählt und seit 2019 ebenfalls ein Marktplatz der Werte besucht. Ziel des Workshops, der bereits seit 2011 für alle Neuen durchgeführt wird, ist diese mit auf die Reise des Unternehmens zu nehmen. Durch die Integration der Werte im Workshop sollen alle neuen Kolleginnen und Kollegen ein noch besseres Verständnis zum unternehmensweiten Umgang und Miteinander erhalten und die Werte direkt mit Leben füllen. So wird sich in Kleingruppen in lockerer Marktplatz-Atmosphäre zu den Werten ausgetauscht – wie sie bereits in der Historie gelebt wurden, wie sie allgemein im Unternehmen sichtbar und im eigenen Team und Alltag erlebbar sind.

Auch waren die Werte große Impulsgeber, vor allem der Wert der Wertschätzung, um den gesamten Onboarding-Prozess zu hinterfragen. Entstanden sind vermehrt einheitliche Aktionen für alle Neuen unabhängig des Teams, zum Beispiel ein großer Unternehmensrundgang. Es wurden wertebasierte Fragen in die wiederkehrenden Onboarding-Gespräche zwischen neuen Kolleginnen und Kollegen und Personalteam aufgenommen. Durch den klaren Fokus und die wertebasierten Handlungsempfehlungen kann das Personalteam nun noch schneller Handlungsfelder aufdecken, Startschwierigkeiten kanalisieren und den neuen Mitarbeiter/-innen sowie zugehörigen Führungskräften gezielter beratend und coachend zur Seite stehen.

Die Strauss-Werte als Handlungsorientierung in der Coronakrise

Ein bekanntes Zitat des ehemaligen Bundeskanzlers Helmut Schmidt lautet »Charakter zeigt sich in der Krise«. Dies war vor allem in der Coronakrise im Frühjahr 2020 sichtbar. Es musste schnell reagiert werden und laufende Projekte, geplante Aktionen, auch was die Werte betrifft, wurden vorerst abgesagt. Obwohl es zunächst danach aussah, dass die Ziele der weiteren Integration der Werte in den Alltag für 2020 nicht erreicht werden können, hat sich das nicht bestätigt.

Es werden nun einige Beispiele der Maßnahmen während der Coronakrise aufgezeigt, die die Werte automatisch im Alltag für alle sichtbar gemacht haben:

Für *Begeisterung* sorgte beispielsweise die schnelle Bildung eines internen Krisenstabs, der täglich für konsequente Entscheidungen und professionelle Umsetzung der Maßnahmen in allen Teams sorgte. Auch das IT-Team arbeitete mit Hochdruck an einer kurzfristigen Erstellung von Homeoffice-Zugängen. Zur Unterstützung des Catering-Partners, der alle e.s.-Kantinen schließen musste, wurden täglich Lunch Pakete für alle anwesenden Mitarbeiter/-innen gepackt, und durch Familie Strauss kostenfrei zur Verfügung gestellt.

Darüber hinaus wurden frühzeitig alle Kontakte außerhalb der eigenen Teams eingegrenzt. Um von Beginn an zur Reduktion der Infizierten und Unterbrechung von Kontaktketten beizutragen, wurden Termine von externen Besuchern, Partnern und Bewerbern abgesagt, keine Reisen oder Tagesfahrten ausgeführt sowie kurz darauf auch freiwillig, bereits vor der bundesweiten Schließung des Einzelhandels, die Workwearstores geschlossen. Auch das interne Pendeln zwischen den Gebäuden sowie interne Meetings wurden weitestgehend beschränkt.

Im Rahmen der *Wertschätzung* stand zu jeder Zeit die Sicherheit und Gesundheit aller an erster Stelle. Ebenso wurden ab dem Zeitpunkt der Kindergarten- und Schulschließungen mit allen betroffenen Mitarbeiter/-innen individuelle Lösungen erarbeitet und allen Eltern, die keine Betreuung realisieren konnten, wurden zehn Tage bezahlte Freistellung gewährt. Durch die Schließung der Workwearstores wurde für die rund 200 Verkäufer/-innen Kurzarbeit beantragt. Damit kein Strauss Gehaltseinbußen verzeichnen musste, hat das Unternehmen das Kurzarbeitergeld auf 100 Prozent des Nettogehalts aufgestockt.

Emotionale Momente gab es in der schwierigen Coronazeit durch gesendete Dankeschön-Videos und Bilder der Mitarbeiter/-innen an die Familie. Weitere Zeichen der *Wertschätzung* waren Podcasts der Geschäftsführung mit persönlichen Einblicken und transparenter Kommunikation, womit sich Henning und Steffen Strauss gerade beschäftigen, sowie ihrem Dank an alle für die große Einsicht und Mithilfe. Die Podcasts wurden mit allen Mitarbeiter/-innen über die interne Mitarbeiter-App geteilt.

Die *Einsatzfreude* des Unternehmens für alle Mitarbeiter/-innen wurde soeben bereits in Verbindung mit der Wertschätzung deutlich. Großen Einsatz für die Region zeigte engelbert strauss durch das Bilden einer Taskforce in der Abteilung Einkauf und Beschaffung. So wurden gemeinsam mit Lieferanten kurzfristig Kapazitäten geschaffen, um wichtige Schutzausrüstung wie Handschuhe, Masken und Overalls zu produzieren. Diese wurden schnellstmöglich eingeflogen und an das regionale Gefahrenabwehrzentrum übergeben, welches sich um die Verteilung an Krankenhäuser, Arztpraxen und Rettungsdienste kümmerte.

Durch das Zusammenhalten zum Wohle aller und die Einsicht bezüglich der getroffenen Maßnahmen wurde die *Gemeinschaft* täglich sichtbar. In Schichten arbeiteten die Teams sehr flexibel zusammen und hielten vor Ort im Unternehmen die Stellung für all diejenigen, die aufgrund von Kinderbetreuung oder zum Schutz von Risikogruppen von Zuhause arbeiten mussten. Zudem wurden teamübergreifend jederzeit aktuelle Best-Practice-Lösungen ausgetauscht.

Auch der *Pioniergeist* wurde durch das kurzfristige Umsetzen von Neuem täglich erlebbar. Das Personalteam unterstützte die Führungskräfte mit konkreten Leitlinien und der Beratung bezüglich individueller Lösungen. Die Personalentwicklung, die für 2020 alle Präsenztrainings abgesagt hatte, schuf Angebote für digitale Live-Trainings zu aktuellen Themen wie z. B. dem Umgang mit Angst und Unsicherheit in der Krise. Außerdem wurde das Trainingsangebot um weitere digitale Angebote für alle Mitarbeiterinnen und Mitarbeiter ergänzt. Alle Teams bewiesen in der Coronakrise durch ihre Flexibilität, Offenheit und durch viele Ideen eine große Pionierleistung.

Die Messung der Unternehmenswerte

In den Jahren 2020 und 2021 soll durch eine zweite Mitarbeiterbefragung überprüft werden, inwieweit die Werte in den vergangenen Monaten tatsächlich gelebt und vorgelebt wurden. In diesem Kontext soll zugleich auch die Basis für die Messung des Wohlbefindens gelegt werden. Außerdem bietet die Umfrage erneut einen Raum für die Erkennung und das Bewusstwerden von weiteren Faktoren für das Wohlbefinden. Die Auswahl der Indikatoren sollte nach klaren, nachvollziehbaren Regeln erfolgen. Eine Möglichkeit für die Erhebung ist eine Anlehnung an bestehende Forschungsergebnisse.

Messung der Werterealisierung und des Wohlbefindens

Als Grundlage für die Befragung konnte die deutsche Version der von Ed Diener u. a. entwickelten Instrumente Brief Inventory of Thriving (BIT) und Comprehensive Inventory of Thriving (CIT) ausgewählt werden (Su, Tay & Diener (2014). Sie berücksichtigt ähnliche Faktoren, wie sie auch beim Psychologischen Wohlbefinden und beim *Flourishing* zu finden sind. Diener unterteilt die Erhebung in sieben Faktoren des psychischen Wohlbefindens, die dem europäischen Ansatz des *Flourishing* entsprechen. Dazu gehören: Beziehung, Engagement, Können, Autonomie, Sinn, Optimismus und Subjektives Wohlbefinden. Die Bedeutsamkeit der von Ryff genannten Faktoren und die von Diener genannten Ebenen des psychischen Wohlbefindens bestätigen auch die Ergebnisse der ersten Mitarbeiterbefragung zur Wertefindung im Unternehmen engelbert strauss. Als wichtige, anzustrebende und zu lebende Werte der Unternehmenskultur nannten die Mitarbeiter/-innen: Gemeinschaft, Begeisterung, Pioniergeist, Wertschätzung und Einsatzfreude. Alle gefundenen Werte lassen sich problemlos den von Diener genannten Ebenen des psychischen Wohlbefindens zuordnen. Dies bestätigt die Entscheidung, den von Diener entwickelten Fragebogen für die Befragung im Unternehmen auszuwählen.

Es ist vorgesehen, die Evaluation im Rahmen einer Begleituntersuchung durchzuführen. Im Vordergrund steht die quantitative Befragung mittels Fragebogen. Der Fragebogen selbst umfasst Skalen aus dem o. g. Fragebogen von Diener (ebd.), der leicht modifiziert und der zu untersuchenden Zielgruppe angepasst werden sollte. Sinnvoll wäre eine mindestens zwei- ggf. auch dreistufige Erhebung, die den Verlauf der Begleituntersuchung erfasst und entsprechend abbilden kann. Ergänzt werden kann die quantitative Untersuchung durch – je nach Gruppengröße – eine qualitative Untersuchung. Hier werden nur einige wenige Interviews geführt, die den quantitativen Untersuchungsprozess begleiten und mit einer weiteren Nuance ergänzen sollen. Die Auswertung des Fragebogens gibt nicht nur Hinweise, ob und wie die Werte gelebt werden, sondern zeigt auch mögliche Korrelationen zwischen Werten und Wohlbefinden auf. Die Ergebnisse zeigen in ihrer Funktion als Indikatoren auch, welche Potenziale in der mitarbeiterorientierten Führung noch stärker genutzt werden können. Im Kontext der Potenzialentfaltung sollen nachfolgend einige Modelle und Tools vorgestellt werden, die als Ansatzpunkte zur Förderung der Werteorientierung und seelischen Gesundheit von Mitarbeiter/-innen beitragen können.

!

Erfolgskriterien der Einführung einer wertebasierten Unternehmenskultur bei engelbert strauss

Abschließend sollen in diesem Praxisbeitrag die Erfolgsfaktoren des Prozesses der Implementierung einer wertebasierten Unternehmenskultur und die einzelnen Maßnahmen zusammengefasst werden. Grundlage des Erfolgs war sicherlich, dass engelbert strauss schon immer eine sehr starke und spürbare Kultur besitzt, lebt und kommuniziert, welche nur nochmals greifbar herausgearbeitet wurde. Insbesondere die hohe Priorisierung des Projekts durch die Geschäftsführung und die persönliche, an alle Mitarbeiter/-innen gerichtete Kommunikation von Steffen Strauss gab dem Prozess den erfolgreichen Start. Innerhalb von nur zwei Monaten wurde ein individueller Prozess ins Leben gerufen und alle

Mitarbeiter/-innen wurden beteiligt. Der Bottom-up-Ansatz und der kurze Zeithorizont zur Herausarbeitung der Kernwerte waren besondere Katalysatoren des Commitments aller und der Fokussierung auf den Erfolg des Projekts. Der Aufmerksamkeitsfokussierung auf die fünf wichtigen Werte, die Kingdon als ersten Strom bezeichnet, wurde im Unternehmen engelbert strauss damit besondere Beachtung geschenkt.
Ein zweiter wichtiger Erfolgsfaktor war, dass die Werteorientierung von Anfang an auf der Agenda der Geschäftsführung priorisiert wurde und deshalb auch kontinuierlich weiterverfolgt werden konnte. Ein Garant für den Erfolg war auch die Einbindung der intradisziplinären Projektgruppe mit ihren klaren Verantwortlichkeiten und einer dauerhaften und transparenten Kommunikation durch die Steuerungsgruppe mit allen Beteiligten zu jedem Zeitpunkt. Wie in Kapitel 1 beschrieben, fordern neue Generationen oder auch neue Projekte eine zeitgemäße Führungskultur. Die Projektkultur der *WerteWerkstatt* mit gemeinsamen Entscheidungen und dem Einbezug aller fand große Zustimmung und hatte immer wieder positive Rückmeldungen der Beschäftigten zur Folge. Dies bestätigt die Annahmen, dass Mitarbeiter/-innen eingebunden sein und teilhaben möchten und sich nach der Frage des Sinns und des Wozus sehnen bzw. durch deren Antwort begeistern lassen.
Im Projektteam wurden mit dem Engagement der Geschäftsführung weitere Ideen gesucht, Konzepte erstellt und Entscheidungen getroffen, damit die Werte im Unternehmen spürbar gelebt und das Wohlbefinden gesteigert werden kann. Dieser von Kingdon als dritter Strom bezeichnete Prozess darf keineswegs, wie am Beispiel des Ziels »Gut leben in Deutschland« gezeigt wurde, versiegen, sondern bedarf einer kontinuierlichen Förderung der beteiligten Akteure. Dazu gehören die Führungskräfte ebenso wie alle anderen Beschäftigten. Wie dies erfolgreich geschehen kann, soll anhand einiger Beispiele der mitarbeiterorientierten Führung im nächsten Abschnitt aufgezeigt werden.

7 Modelle und Tools zur Stärkung mitarbeiterorientierter Führung im Unternehmen

Im vorhergehenden Abschnitt wurden beispielhaft für das Unternehmen *engelbert strauss* die Rahmenbedingungen zur wertebasierten und mitarbeiterorientierten Unternehmenskultur betrachtet. Nachfolgend werden Modelle und Tools vorgestellt, die nach Meinung des Autors zur Stärkung mitarbeiterorientierter Führung beitragen könnten, bei denen die Förderung der Mitarbeiter/-innen in Bezug auf Selbstaktualisierung, Selbstregulierung und Sinnfindung im Vordergrund steht. Dabei sollen insbesondere die Aspekte der seelischen Gesundheit und des Flourishing berücksichtigt werden. Zu Beginn wird zunächst ein Konstrukt vorgestellt, das die Grundlagen der Motivationsforschung, der Kompetenzförderung und der Ressourcenaktivierung mit den Möglichkeiten zur Selbstaktualisierung verbindet und als Grundlage für die Erkennung und Realisierung von Bedürfnissen der Beschäftigten dienen kann. Als Tool bietet es die Möglichkeit, Führungskräften Grundhaltungen und Einstellungen für ihre tägliche Kommunikation mit den Mitarbeitern/-innen zu vermitteln. Im zweiten Schritt wird dann durch Bezug auf psychoanalytische und logotherapeutische Ansätze ein Modell zur Selbstregulation vorgestellt. Dieser Ansatz soll dazu beitragen, dass im Sinne einer transformationalen Führung die Mitarbeiter/-innen Unternehmenswerte in das eigene Wertesystem integrieren können. Im dritten Schritt soll durch die Vorstellung eines weiteren Modells und seine Verwendung als Tool gezeigt werden, wie eine Unterstützung der Mitarbeiter/-innen bei der Sinnfindung erfolgen könnte.

7.1 Die Förderung der Selbstaktualisierung auf der Grundlage des Tetraedermodells

Wie in den vorhergehenden Kapiteln ausgeführt wurde, trägt die Befriedigung psychischer angeborener und im Verlauf des Lebens erworbener Mangel- und Wachstumsbedürfnisse maßgeblich zum Wohlbefinden und zur seelischen Gesundheit bei. Um sich seiner Bedürfnisse bewusst zu werden und die dazu notwendigen Kompetenzen zu entwickeln und einzusetzen, bedarf es externer und interner Ressourcen. Um den Zusammenhang zwischen Bedürfnissen, Kompetenzen und Ressourcen aufzuzeigen, bietet sich ein Tetraeder (v. griech. tetráedron = »Vierflächner«) als Modell an.

Abb. 11: Schematische Darstellung des aufgeklappten Tetraeders zur Veranschaulichung der Zusammenhänge zwischen Bedürfnissen und deren Erfüllung durch Kompetenzen und Ressourcen (vgl. Fritz-Schubert & Saalfrank, 2015, S. 31).

Seine vier dreieckigen Seitenflächen mit sechs Kanten gehören zu den platonischen Körpern (nach dem griechischen Philosophen Platon), die sich durch größtmögliche Symmetrie auszeichnen. Die Konstruktion des Tetraeders erfolgt durch das symmetrische Zusammenfügen der vier Dreiecksflächen von psychischen Bedürfnissen, Konsistenz, Kompetenz und Kohärenz. Von den insgesamt vorhandenen zwölf Ecken an den Enden der Kanten der einzelnen Dreiecke treffen sich je drei und bilden die vier neuen Eckpunkte des Tetraeders aus. Durch die Betrachtung seiner unterschiedlichen Seiten werden die vier existenziellen menschlichen Fragen fokussiert: Was brauche ich? Wer bin ich? Was kann ich? Was will ich?

Die erste Seite des Tetraeders: Die psychischen Bedürfnisse

Betrachtet man die Befriedigung der psychischen Bedürfnisse im Hinblick auf die Indikatoren für seelische Gesundheit und Flourishing, so wird deutlich, dass die Befriedigung des Autonomiebedürfnisses, der Gefühle von Geborgenheit und Sicherheit sowie die erfolgreiche Sinnsuche maßgeblich das subjektive Wohlbefinden fördern. Sie können deshalb auch als wichtige Elemente des Unternehmensziels Wohlbefinden definiert werden. Um sie grafisch darzustellen, lassen sich die menschlichen Bedürfnisse nach Sicherheit, Freiheit und Sinn schematisch als Eckpunkte eines Dreiecks verstehen, das durch die Frage »Was brauche ich?« die Bedürfnisse verkörpert. Dabei sollen die einzelnen Elemente dieses Dreiecks nicht als Gegensätze verstanden werden, sondern als sich gegenseitig bedingende Elemente, die vom Individuum mit dem Gewissen als »Sinnfindungsorgan«, wie es Frankl (2005; 2015) beschreibt, harmonisch in Einklang gebracht werden.

Abb. 12: Schematische Darstellung der psychischen Bedürfnisse als Triade (vgl. Fritz-Schubert & Saalfrank, 2015, S. 27)

Die Bedürfnisse der Mitarbeiter/-innen sind ein wesentlicher Faktor für den Unternehmenserfolg. Wer die Bedürfnisse seiner Mitarbeiter/-innen nicht kennt, kann sie nicht für sich und seine Ziele gewinnen. Nicht erfüllte Bedürfnisse der Mitarbeiter/-innen erzeugen negative Gefühle und vermindern nicht nur deren Wohlbefinden, sondern beschränken damit auch deren Ressourcen und damit wiederum ihre Leistungsfähigkeit. Wie in Kap. 3.2 auf der Grundlage der Forschungsergebnisse der Broaden-and-Build-Theorie von Barbara Fredrickson beschrieben wurde, entsteht dann statt einer Aufwärtsspirale mit erweiterten Ressourcen eine Abwärtsspirale mit verminderten Ressourcen.

Eine Unternehmenskultur, die ihr Augenmerk darauf legt, die Wünsche und Sehnsüchte nach Selbstbestimmung, Sicherheit und Geborgenheit als personale Werte ihrer Mitarbeiter/-innen zu erkennen und diese in wertschätzende Führungsprinzipien umsetzt, wird damit nicht nur das Wohlbefinden, sondern auch deren persönliche Ressourcen und deren Motivation steigern. Selbstverständlich können nicht alle Sehnsüchte der Beschäftigten berücksichtigt werden. Neben der Ermittlung der Sehnsüchte der Mitarbeiter/-innen muss es allerdings auch gelingen, den Mitarbeitern/-innen die Sehnsüchte der Organisation, des Kunden, des Lieferanten sowie der Konkurrenz zu vermitteln. Dazu bedarf es einer transformativen Dialogkultur, um den subjektiven Fokus der Mitarbeiter/-innen durch einen Perspektivenwechsel hinsichtlich der für das gesamte Unternehmen gültigen Werte zu erweitern. Werteorientierte Führung heißt auch, dass sowohl die personalen als auch die allgemeingültigen Werte am Arbeitsplatz tatsächlich gelebt werden. Wenn die Einhaltung oder Verletzung der Werte keine Konsequenzen haben, werden sie zwar kognitiv wahrgenommen, aber nicht wirklich bewusst erfahren. Das gelingt nur, wenn vorbildliche Haltungen belohnt und Verletzungen sanktioniert werden. Sanktionieren heißt nicht gleich Abmahnung oder Kündigung, weil das defensive und vermeidende Haltungen begünstigt. Vielmehr muss sich eine Kommunikationskultur entwickeln, die die Einhaltung der Werte erstrebenswert macht. Durch den kontinuierlichen Soll-Ist-Vergleich von erreichten Werten zu nicht erreichten Werten besteht die Chance auf eine nachhaltige Verbesserung.

Die zweite Seite des Tetraeders: Selbstwert und Selbstachtung im Einklang mit Vertrauen und Verantwortung

Um eine eigene Priorisierung seiner Sehnsüchte und Wünsche vornehmen zu können, bedarf es – wie in Kapitel 3.7 beschrieben wurde – einer stabilen Grundhaltung, von der aus die Bewertung erfolgt. Waibel (2011) bezeichnet den Ausgangspunkt als Grundwert. Erikson (1966) nennt dies in Abhängigkeit vom Alter Urvertrauen, Ich-Identität oder Ich-Integrität mit den entsprechenden Gegenpolen Urmisstrauen, Identitätsdiffusion oder Lebensekel (ebd., S. 150–151; vgl. Fritz-Schubert & Saalfrank, 2015, S. 27–28). Durch die Realisierung der eigenen priorisierten Werte wird das Bedürfnis, Sinn im Leben und im Beruf zu finden, befriedigt. Zu seinen Werten zu stehen, fördert auch die Achtung gegenüber sich selbst – den Selbstwert. Wer nicht zu seinen Werten stehen kann, entwertet sich letztlich selbst. Als Kompass könnte in diesem Kontext das von Frankl so benannte Sinnorgan, das Gewissen, dienen. Frankl meint damit nicht das drohende normative *Über-Ich* im Freud'schen Sinn, wie es bei der Selbstregulation als introjizierte Regulation zur Erfüllung von Normen und Vorschriften verstanden wurde. Vielmehr sieht er es als den Kern des menschlichen Seins, seinen Charakter, seine Haltungen und Einstellungen. Dieser innere Kern dient aber nicht nur als Entscheidungshilfe, der den richtigen Weg nur erfühlt und erkennt, sondern er hilft ihm auch, seinen eigenen, authentischen Weg zu gehen. Der Mensch möchte im Sinne der Selbstaktualisierung nicht erdulden, sondern aktiv gestalten. Dazu benötigt er Mut und (Selbst-) Vertrauen, aber auch die Bereitschaft, für die angestrebte Handlung Verantwortung zu übernehmen. Die Frage »Was brauche ich?« wird dementsprechend durch die Frage »Wer bin ich?« ergänzt. Schematisch kann man sich den Zusammenhang als eine zweite Triade vorstellen. Die Eckpunkte sind das Vertrauen im Kontext mit dem vorhandenen Sicherheitsbedürfnis, die Verantwortung, die Freiheit wahrzunehmen, und als dritter Eckpunkt der Selbstwert, der durch die sinnbezogene Werterealisierung gestärkt wird (vgl. ebd., S. 28). Im Sinne des Unternehmensziels Wohlbefinden ergeben sich durch die transformationale Führung Möglichkeiten, das Vertrauen der Mitarbeiter/-innen in sich und andere zu stärken, aber auch die Bereitschaft zu erhöhen, Verantwortung für sich selbst und das soziale Umfeld zu übernehmen und damit ihre Selbstachtung zu fördern. Das von Bernard Bass (1985) entwickelte Modell umfasst vier Dimensionen des Führungsverhaltens: »idealized influence« (Vorbild) »inspirational motivation« (inspierende Motivation), »intellectual stimulation« (intellektuelle Anregung) und »individual consideration«(individuelle Unterstützung). Da die Mitarbeiter/-innen dem Führenden Vertrauen und Respekt entgegenbringen, akzeptieren sie ihn als Vorbild und übernehmen ihrerseits Verantwortung. Durch »inspirational motivation« entwickelt und kommuniziert der transformational Führende eine attraktive Vision für das jeweilige Team oder die jeweilige Organisation, die für die Mitarbeiter/-innen sinnstiftenden Charakter hat. »Intellectual stimulation« bezieht sich auf die Fähigkeit des Führenden, die Mitarbeiter/-innen zu ermutigen, Bestehendes zu hinterfragen und bekannte Probleme in neuem Licht zu sehen. »Individualized consideration« beschreibt die Verhaltensweisen des Führenden, die sich auf individuelles Coaching und Mentoring der Mitarbeiter/-innen beziehen. Obwohl sich die vier Dimensionen transformationaler Führung analytisch unterscheiden lassen, setzen sie aber voraus, dass Führungskräfte selbst über ein gesundes Selbstwertgefühl verfügen. Nur so können sie ihren Mitarbeitern/-innen wertschätzend begegnen.

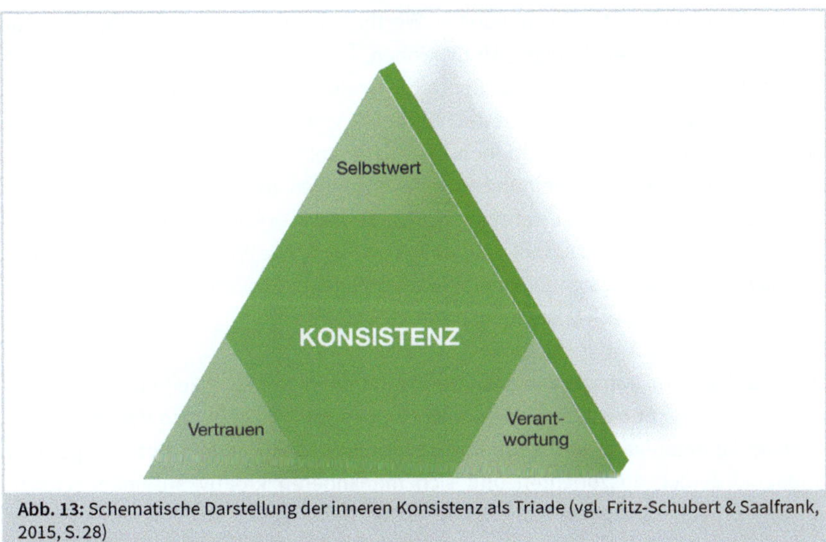

Abb. 13: Schematische Darstellung der inneren Konsistenz als Triade (vgl. Fritz-Schubert & Saalfrank, 2015, S. 28)

Die dritte Seite des Tetraeders: Kompetenzerwerb als Voraussetzung für Wohlbefinden

Wie wichtig der Zusammenhang zwischen Wohlbefinden und Kompetenz ist, erläutern Becker und Minsel (1986). Kompetenzen werden zu der Erfüllung innerer Bedürfnisse und der Bewältigung externer Anforderungen benötigt. Im Sinne der Selbstaktualisierung werden sie für die Befriedigung von Mangel- und Wachstumsbedürfnissen benötigt. Durch den Einsatz von Kompetenzen werden positive Gefühle wie Freude,

Liebe, Stolz, Entspannung und gehobene Stimmung ausgelöst. Positive Gefühle entstehen aber auch beim erfolgreichen Einsatz der Kompetenzen zur Erfüllung externer An- und Herausforderungen. Soziale Anerkennung für die eigenen oder die Leistungen mit dem Team machen stolz und erhöhen die innere Ressource der Selbstachtung. Dies setzt im Sinne von Fredrickson wieder Energien für die Verfolgung längerfristiger Ziele frei (Becker & Minsel, 1986). Als externe Anforderungen werden zum einen die Erwartungen der sozialen Umwelt, die sich aus der Rollenverpflichtung des Individuums ergeben, zum anderen die verhaltensrelevanten soziokulturellen, ökonomischen und physikalischen Herausforderungen genannt. Nach Becker und Minsel handelt es sich dabei nicht nur um externe Stimuli, die das (passive) Individuum zum Reagieren zwingen, sondern auch um die Bewältigung von Herausforderungen, die sich aus dem privaten oder beruflichen Umfeld des (aktiven) Individuums ergeben. Die Kompetenzentwicklung der Mitarbeiter/-innen nimmt demnach für das Unternehmensziel Wohlbefinden eine zentrale Rolle ein.

Sie entsteht nach Rosenstiel (2011) mit dem Selbstbezug der Person als Handlungsraum. Er bezeichnet diese als personale Kompetenzen und versteht darunter alle Dispositionen einer Person, reflexiv selbstorganisiert zu handeln, d. h., sich selbst einzuschätzen, produktive Einstellungen, Werthaltungen, Motive und Selbstbilder zu entwickeln, eigene Begabungen, Motivationen, Leistungsvorsätze zu entfalten und sich im Rahmen der Arbeit und außerhalb derselben kreativ zu entwickeln und zu lernen (ebd.). Gesondert davon betrachtet er aktivitäts- und umsetzungsorientierte Kompetenzen als solche Dispositionen, die ein Handeln erst in Gang setzen. Diese Dispositionen erfassen seiner Meinung nach das Vermögen, die eigenen Emotionen, Motivationen, Fähigkeiten und Erfahrungen und alle anderen Kompetenzen – personale, fachlich-methodische und sozialkommunikative – in eigene Willensanteile zu integrieren und Handlungen für sich selbst oder auch für andere oder mit anderen erfolgreich zu realisieren (Erpenbeck & Rosenstiel, 2007c, S. 16).

Die sozial-kommunikativen Kompetenzen entfalten sich in Fähigkeiten, die eine Person in der Interaktion mit anderen Menschen benötigt. Es geht also darum, im Miteinander kommunikativ und kooperativ zu agieren, das Handeln beziehungs- und gruppenförderlich auszurichten und sich mit anderen kreativ auseinanderzusetzen (vgl. Erpenbeck & Rosenstiel, 2007c, S. 16). Dabei gelten sozial-kommunikative Kompetenzen als Dispositionen, kommunikativ und kooperativ selbstorganisiert zu handeln, d. h., sich mit anderen kreativ auseinander- und zusammenzusetzen, sich gruppen- und beziehungsorientiert zu verhalten und neue Pläne, Aufgaben und Ziele zu verwirklichen (ebd., S. 16; Rosenstiel, 2011).

In der Objekt-Subjekt-Beziehung der betreffenden Person sehen Erpenbeck und Rosenstiel (2007a) die Herausforderung, sich methodisch und fachlich angemessen mit der dinglichen Umwelt auseinanderzusetzen. In diesem Zusammenhang verstehen sie fachlich-methodische Kompetenzen als Dispositionen einer Person, bei der Lösung von sachlich-gegenständlichen Problemen geistig und physisch selbstorganisiert zu handeln, das heißt, mit fachlichen und instrumentellen Kenntnissen, Fertigkeiten und Fähigkeiten kreativ Probleme zu lösen, Wissen sinnvoll einzuordnen und zu bewerten. Das schließt Dispositionen ein, Tätigkeiten, Aufgaben und Lösungen methodisch selbstorganisiert zu gestalten sowie die Methoden selbst kreativ weiterzuentwickeln (Rosenstiel, 2011). Sie beziehen sich somit auf sachbezogene Kenntnisse und deren kognitive Organisation und Bewertung. Das dazu notwendige Wissen unterteilen Erpenbeck und Heyse (2007) in Verfügungswissen und Orientierungswissen. Verfügungswissen ist hierbei das instrumentelle Wissen, das Ursachen, Wirkungen und Mittel zur Erreichung eines Ziels verfügbar macht. Die dafür notwendigen Informationen gehören zum Informationswissen als Teil des Verfügungswissens. »Orientierungswissen ist – im Gegensatz zum Verfügungswissen – regulatives Wissen, es orientiert auf der Grundlage von Informations- und Verfügungswissen über das ›Wozu‹ von Zwecken und Zielen, es ist Zweck und Zielwissen. Orientierungswissen ist damit ganz wesentlich Wertwissen« (vgl. Erpenbeck & Heyse, 2007, S. 34–35).

Frei, Duell und Baitsch (1984) gelingt es in einem Kreislaufmodell kognitive Anteile der Persönlichkeit wie Werte, Einstellungen und Attitüden mit den emotionalen Befindlichkeiten und Bedürfnissen der Person zu verbinden und gleichzeitig die Dynamik des Kompetenzerwerbes als Zuwachs von Wissen, Fähigkeiten und Fertigkeiten auf der Basis von Erfahrungen zu beschreiben.

Durch die Berücksichtigung der individuellen Bedürfnisse und der daraus folgenden Motive und Ziele zeigen sie deren Einfluss auf den Erfahrungszuwachs. Die neu gewonnenen Erfahrungen ergänzen die Fähigkeiten, Fertigkeiten und das Wissen, die die Person zur Bewältigung interner und externer Herausforderungen einsetzen kann. Versteht man den Regelkreis als dynamisches Kompetenzmodell, so werden die externen Anforderungen mit den internen Anforderungen, Bedürfnissen, Motiven und Zielen abgeglichen und mit den vorhandenen Ressourcen harmonisiert. Aus diesem Modell wird deutlich, wie wichtig die Förderung von Ressourcen für das Unternehmensziel Wohlbefinden ist, die als Werte, Attitüden und Einstellungen in die Tätigkeit eingehen und durch sie verändert werden. An dieser Stelle sei an die Ausführungen unter Kapitel 2.3 erinnert, die das Unternehmen als wirtschaftliches und soziales System beschreiben, in dem die Beschäftigten als selbstbestimmte Individuen betrachtet werden, die im Produktionsprozess qualitativ und quantitativ miteinander agieren. Ergänzt durch ein aufgabenorientiertes Organisationssystem, das als »Supportive Leadership« dient, könnten so die Ressourcen der einzelnen Mitarbeiter/-innen und der selbstorganisierten Teams unterstützt und gefördert werden.

Abb. 14: Kompetenzmodell nach Frei et al. (1984, S. 31)

Neue Kompetenzen und bewältigte Herausforderungen verschaffen gute Gefühle. Sie machen jede/n einzelne/n Mitarbeiter/-in und das dazugehörige Team auf die erbrachte Leistung stolz und regen an, sich neuen Herausforderungen zu stellen. Allerdings sei an dieser Stelle angemerkt, dass auch durch Misserfolge neue Kompetenzen entstehen können. Beides – erfolgreiches Handeln und kompetentes Scheitern – erfordern gleichermaßen Selbstkompetenz als verantwortliche Handlungsbereitschaft und Mündigkeit. Wie oben beschrieben wurde, gehören zur Selbstkompetenz die auf der Erfahrung basierenden, realistischen Einschätzungen und kontrollierte Organisation der eigenen körperlichen, kognitiven und psychischen Ressourcen sowie die Bereitschaft, diese im Bedarfsfall verantwortungsvoll einzusetzen. Selbstkompetenz entsteht aus dem Erkenntnisgewinn gemeisterter Herausforderungen. Gemeistert heißt, dass der Betroffene sowohl bei der erfolgreichen Zielerreichung als auch beim Misserfolg die Kontrolle behalten hat, verantwortlicher Gestalter geblieben ist und sich nicht in einen entmündigten Erdulder verwandelt hat.

Wie wichtig der Glaube ist, aus Fehlern lernen zu wollen, wird durch die sogenannte Mindset-Theorie bestätigt. Das Mindset einer Person beschreibt dessen Denkweisen, Überzeugungen und Verhaltensmuster beziehungsweise die innere Haltung eines Menschen. Es resultiert nach Meinung von Carol Dweck (2007, S. 47; 1999, S. 141) aus seinen tief verankerten Glaubenssätzen und Grundeinstellungen, die bewusst und unterbewusst sein Handeln beeinflussen. Interessanterweise nahmen die Forschungen zum Thema Mindset in einer Schule ihren Anfang. Carol Dweck war überrascht, dass nach einem Experiment mit Schülerinnen und Schülern manche von ihnen trotz der unlösbaren Aufgaben, die sie vorfanden, nicht etwa frustriert waren, sondern stattdessen begeistert zurückmeldeten: »Ich liebe kniffelige Rätsel.« oder »Wissen Sie, genau das hatte ich gehofft: dass ich hier was lerne.«. Carol Dweck ging der Frage nach, was sich hinter dieser Einstellung verbirgt, wie sie entsteht und was daraus folgt. In den folgenden Jahren und Jahrzehnten entwickelte sie die Mindset-Theorie. Dweck geht davon aus, dass jeder Mensch bestimmte Denkweisen hat, die seine Sicht auf seine Umgebung und sein Selbstbild prägen. Dabei unterscheidet sie zwischen einem stabilen und einem dynamischen Mindset. Menschen mit einem statischen oder stabilen Mindset gehen nach Dwecks Meinung davon aus, dass ihre Intelligenz ein unveränderbares Merkmal ihrer Person ist. Menschen mit einem dynamischen Mindset dagegen sind innerlich überzeugt, dass ihre Intelligenz eine entwickelbare bzw. verbesserbare Eigenschaft ist. Das dynamische Mindset wird daher oft auch als *Growth Mindset, dynamisches Selbstbild* oder auch *Wachstumsdenken* bezeichnet. Den bisherigen Untersuchungen zufolge hat das Mindset, also die innere Einstellung zur eigenen Lernfähigkeit, weitreichenden Einfluss auf viele Lebensbereiche und entscheidet mit darüber, ob ein Mensch sein Potenzial voll entfalten kann oder nicht (Dweck, 2007, S. 9 und 14). Menschen mit einem Growth Mindset fühlen sich als Gestalter ihres Lebens. Sie schreiben ihre Erfolge weder ihrer Herkunft noch dem ihnen von der Natur gegebenen Talent zu. Sie sind überzeugt, dass sie es selbst in der Hand haben, ob sie etwas erreichen können. Sie haben einen entkrampften Umgang mit Fehlern und Misserfolgen (weil ein Misserfolg einfach nur aufzeigt, wo man noch weiterwachsen kann). Ein Fehler sagt nur »Du kannst es noch nicht.«, dagegen konzentrieren sich Menschen mit einem stabilen Mindset auf die Bereiche, in denen sie ohnehin schon ganz gut sind, um so wenig Fehler wie möglich zu machen, weil Fehler einem Urteil gleichkommen: »Du kannst das nicht.« Menschen mit einem statischen Mindset scheinen keine Konzepte zu haben, wie sie mit eigenen Misserfolgen sinnvoll umgehen können. Stattdessen entscheiden sie sich in solchen Situationen dazu, entweder aufzugeben, anderen die Schuld zu geben oder moralisch fragwürdige Lösungen zu finden, wie z. B. Vertuschung (Dweck, 2007, S. 47; Dweck, 1999, S. 141; Wood & Bandura, 1989, S. 414).

Für den Aufbau eines dynamischen Mindsets bedarf es einer ausgeprägten Fehlerkultur im Unternehmen, die sich aktiv und konstruktiv mit Fehlern auseinandersetzt. Zu einer Fehlerkultur gehören nach Frey et al. (2013) sowohl ein Fehleranalysesystem (Führung einer Mängelliste) als auch ein Stärkenanalysesystem (Führung einer Positivliste).

Wissenschaftliche Studien belegen den Wettbewerbsvorteil durch frühe Fehlschläge der Start-up-Unternehmen im Silicon Valley. »Fail fast, learn fast – Scheitere schnell und lerne dadurch schnell«, lautet dort die Devise. Der Wirtschaftspsychologe Michael Frese erforscht die Fehlerkultur in deutschen Unternehmen seit 1985 (Hartmann, 2019). Zu Beginn seiner Fehlerforschung waren die Unternehmen noch davon überzeugt, dass bei ihnen keine Fehler vorkommen. Das passte gut in die Zeit, in der man über Fehler tunlichst schwieg. Mittlerweile habe sich das zwar verändert, so Frese, aber eine ausgeprägt positive Fehlerkultur gäbe es immer noch nicht. Aus Angst vor Strafe werden Fehler in der deutschen Unternehmenskultur immer noch tabuisiert. Frese hat die Fehlertoleranz in 61 Ländern der Welt verglichen. Deutschland landete auf Platz 60, vor Singapur. US-amerikanische Unternehmen könnten dagegen besser mit Fehlschlägen umgehen, offensichtlich habe sich dort der Glaube durchgesetzt, dass man mit einem Start-up-Unternehmen scheitern und danach supererfolgreich sein könne (ebd. 2019).Die Fast-Fail-Kultur, ist in Deutschland allerdings noch nicht richtig angekommen. Im Land der Zertifikate und Diplome überwiegt immer noch das Exzellenzprinzip. Wir setzen auf die Fast-Track-Ideologie, um so schnell wie möglich auf die Erfolgsspur zu kommen. Eine Prüfung zu verhauen, die Zulassung für einen bestimmten Studiengang nicht zu erhalten gilt als Niederlage, die tunlichst zu vermeiden ist. Deshalb fehlen Mitarbeiter/-innen nach einer allzu geraden erfolgreichen schulischen oder studentischen Laufbahn die Lehren, die nur aus Fehlschlägen gewonnen werden. Um aus Fehlern zu lernen, bedarf es der Strauss-Werte Pioniergeist, Einsatzfreude, Begeisterung und der Wertschätzung einer Gemeinschaft. Eine mitarbeiterorientierte Führung darf sich deshalb nicht nur als »Fehlerfahnder« verstehen, die nur Schwachstellen verbessert. Das ist sicherlich auch wichtig, aber genau so wichtig ist ihre Funktion, als »Schatzsucher« die Stärken, die Kompetenzen der Mitarbeiter/-innen, der Abteilung und des ganzen Unternehmens zu entdecken und zu fördern.

Dazu gehört das Verständnis, dass Kompetenzen nicht isoliert betrachtet werden dürfen, sondern dass sie als Fach- und Methodenkompetenz sowie Sozialkompetenz gemeinsam mit der Selbstkompetenz als Metakompetenz eine Einheit bilden.

Im Tetraedermodell wird dieser Zusammenhang verdeutlicht. In ihrer Gesamtheit bilden die drei Kompetenzen eine Fläche, deren Eckpunkte die Fach- und Methodenkompetenz, Sozialkompetenz und Selbstkompetenz bilden. Diese dritte Triade zeigt dem Menschen die individuellen und harmonischen Möglichkeiten auf, um die Grundbedürfnisse Sicherheit, Freiheit und Sinn, die sich in der ersten Triade befinden, zu befriedigen. Die zweite Triade – Selbstwert, Verantwortung und Vertrauen – kann dann als Metaressource aufgefasst werden, die die Selbstkompetenz in ihrer Rolle als Orientierungskompetenz trägt und stützt: Solange das »Wozu« nicht geklärt ist, braucht man sich über das »Wie« und »Mit wem« wenig Gedanken zu machen. Die Förderung von Selbstkompetenz soll deshalb ein weiterer wichtiger Baustein des Unternehmensziels Wohlbefinden sein. Zu den Antworten auf die Fragen »Was brauche ich?« und »Wer bin ich?« kommt eine weitere Antwort – diejenige auf die Frage »Was kann ich?«.

Abb. 15: Schematische Darstellung des Zusammenhangs der Kompetenzen als Triade (vgl. Fritz-Schubert & Saalfrank, 2015, S. 30)

Die vierte Seite des Tetraeders: Das Kohärenzgefühl

Die vierte Seite greift noch einmal den Aspekt der Ressourcenförderung auf, indem sie der Frage »Was will ich und warum?« nachgeht. Die nachfolgenden Überlegungen basieren auf den empirischen Untersuchungen von Aaron Antonovsky (1997). Sie belegen, dass Menschen, die über bestimmte persönliche Ressourcen verfügen, Herausforderungen des Lebens besser bewältigen können und gesünder als andere sind.

Er bezeichnet das als Kohärenzgefühl, als Grundlage der Salutogenese, der Entstehung von Gesundheit (lat.: salus = »Gesundheit«; griech.: genese = »Entstehung«). Diese beschreibt er metaphorisch wie folgt: »Meine fundamentale philosophische Annahme ist, daß der Fluß der Strom des Lebens ist. Niemand geht sicher am Ufer entlang. Darüber hinaus ist für mich klar, daß ein Großteil des Flusses sowohl im wörtlichen als auch im übertragenen Sinn verschmutzt ist. Es gibt Gabelungen im Fluß, die zu leichten Strömungen oder in gefährliche Stromschnellen und Strudel führen. Meine Arbeit ist der Auseinandersetzung mit folgender Frage gewidmet: Wie wird man, wo immer man sich in dem Fluß befindet, dessen Natur von historischen, soziokulturellen und physikalischen Umweltbedingungen bestimmt wird, ein guter Schwimmer?« (Antonovsky, 1997, S. 92).

Einen wichtigen Faktor im Konzept der Salutogenese stellt die Handhabbarkeit dar, die auch als Selbstwirksamkeit gedeutet werden kann. Wood und Bandura (1989) definieren sie als »beliefs in one's capabilities to mobilize the motivation, cognitive resources, and courses of action needed to meet given situational demands« (Wood & Bandura, 1989, S. 366). »Perceived self-efficacy is concerned not with the number of skills you have, but with what you believe you can do with what you have under a variety of circumstances« (Bandura, 1997, S. 37). Empirische Untersuchungen belegen, dass Mitarbeiter/-innen in Unternehmen, die eine hohe Selbstwirksamkeit haben, psychisch gesünder sind als die mit geringer Selbstwirksamkeit (Weinert, 2004), weil sie über bessere Coping- und Problembewältigungsstrategien verfügen (Bandura, 1997; Kuhl, 2001). Im Sinne des Unternehmensziels Wohlbefinden ist neben der individuellen auch die kollektive Selbstwirksamkeit von Bedeutung. Sie ist die Überzeugung einer ganzen Gruppe, gemeinsam schwierige Aufgaben durch die Koordination und Kombination der verschiedenen Ressourcen der einzelnen Gruppenmitglieder lösen zu können. Damit kann es einer Gruppe durch den Glauben an sich selbst, verbunden mit einer guten Koordination und Kombination ihrer Fähigkeiten gelingen, bessere Ergebnisse zu erzielen als eine vergleichbare Gruppe, deren Mitglieder ein höheres Wissen und bessere Fertigkeiten und Fähigkeiten besitzen. Eine Abteilung, die Vertrauen in ihre Teamressourcen hat, entwickelt auch eine optimistische Auffassung für die Bewältigung zukünftiger stressreicher Ereignisse, die die ganze Gruppe betreffen. Die kollektive Selbstwirksamkeit bestimmt auch die Ziele, die sich die Gruppe setzt, wie viel Anstrengung sie gemeinsam in ein Projekt investieren will und wie viel Widerstand sie als Gruppe leisten will, wenn Hindernisse auftreten. Die kollektive Selbstwirksamkeit ist im Hinblick auf das Verständnis der Unternehmung als aufgaben- und lösungsorientiertes wirtschaftliches und soziales System, wie es weiter oben beschrieben wurde, eine wichtige Voraussetzung.

Die Verstehbarkeit oder globale Orientierung, wie Antonovsky (1997) sie beschreibt, ist eine weitere wichtige Ressource für die Erlangung von Wohlbefinden. Wird die Verstehbarkeit (»sense of comprehensibility«) im Sinne von Antonovsky (ebd., S. 34 f.) als

»Selbstverstehbarkeit« und als Selbstkonzept gedeutet, so kann sie als kognitives Verarbeitungsmuster auch das Wohlbefinden der betreffenden Person verbessern. Antonovsky (ebd.) erkennt in der Verstehbarkeit eine Komponente für das Kohärenzgefühl (»sense of coherence«). Mit dieser Fähigkeit können Menschen bekannte und unbekannte Stimuli ordnen, strukturieren und konsistent verarbeiten. Personen mit einem ausgeprägten stabilen Selbstkonzept gehen davon aus, dass sie Herausforderungen vorausschauend betrachten und die entsprechenden Maßnahmen zu deren Bewältigung ergreifen können. Sollten Hindernisse und Schwierigkeiten tatsächlich überraschend auftreten, so können diese in das Konzept eingeordnet und erklärt werden.

In dem Gefühl der Bedeutsamkeit oder Sinnhaftigkeit als weiterem Element des Kohärenzgefühls wird eindrucksvoll auf den Willen zum Sinn, wie ihn Frankl (2005) beschreibt, verwiesen. Antonovskys empirisch überprüfte Faktoren zur Entstehung von Gesundheit zählen zu den persönlichen Eigenschaften, die Unternehmen ihren Mitarbeiterinnen und Mitarbeitern wünschen. Dazu gehört, dass sie an sich glauben, die Herausforderungen einer immer komplexeren Welt annehmen und darauf vertrauen, dass sie diese bewältigen können, aber auch die Frage des »Was will ich und warum?« für sich beantworten können. Schematisch ergibt sich daraus die vierte Triade des Tetraeders, das Kohärenzgefühl, mit den Eckpunkten Handhabbarkeit, Bedeutsamkeit und Selbstkonzept.

Abb. 16: Schematische Darstellung des Kohärenzgefühls als Triade nach Antonovsky, wobei Verstehbarkeit durch Selbstkonzept ersetzt wurde (vgl. Fritz-Schubert & Saalfrank, 2015, S. 32)

Die Zusammenführung der Seiten des Tetraeders als Gesamtmodell

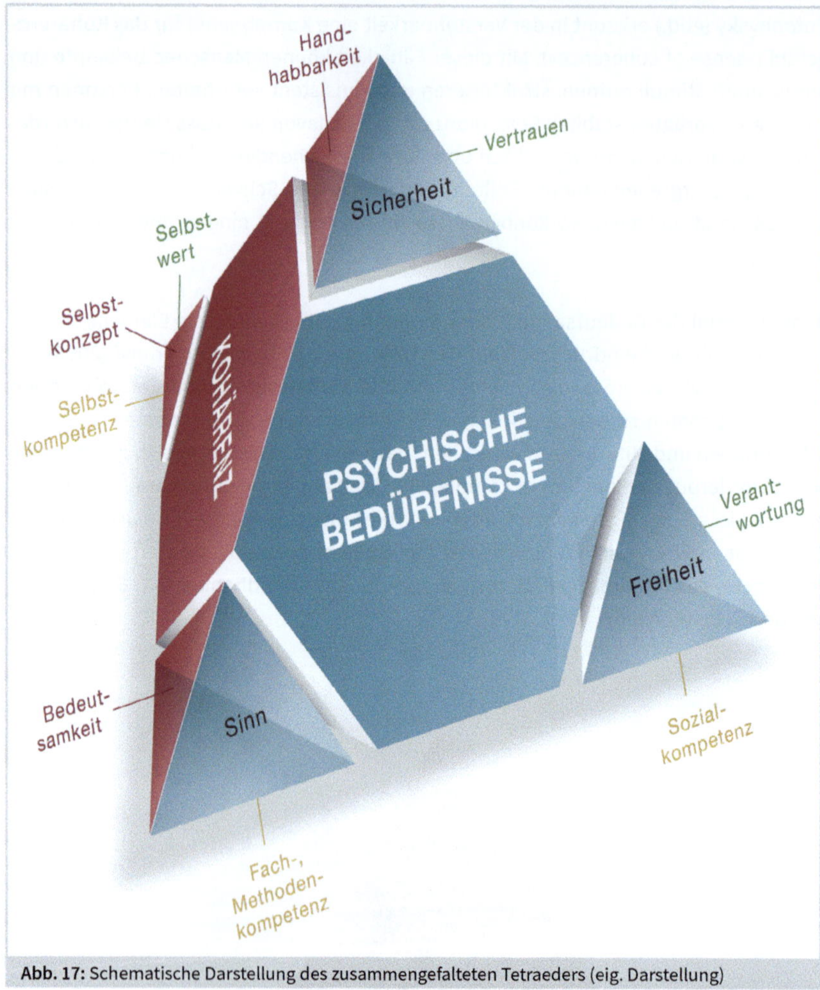

Abb. 17: Schematische Darstellung des zusammengefalteten Tetraeders (eig. Darstellung)

Um die Zusammenhänge zwischen den Seiten und Eckpunkten des Tetraeders in seiner Anwendung zu erklären, erscheint es zweckmäßig, die zusammengefaltete Version des Tetraeders zu betrachten und mit der Ecke *Sicherheit* zu beginnen. Sie gehört zur ersten Seite des Tetraeders, der Fläche der psychischen Bedürfnisse. Grafisch ist erkennbar, dass sich diese Ecke, in Abhängigkeit von der gewählten Anordnung der Flächen untereinander, mit der Ecke *Vertrauen* der Konsistenzfläche und mit der Ecke *Handhabbarkeit* der Kohärenzfläche trifft. Aus dieser Konstellation lassen sich mögliche Verbindungen zwischen den Flächen und ihren Ecken herstellen. Unter Bezugnahme auf das Ressourcenverständnis von Grawe (2004) könnte man *Vertrauen* und *Handhabbarkeit* (i. w. S. Selbstvertrauen) als Ressourcen zur Erfüllung des Bedürfnisses nach Sicherheit und Kontrolle verstehen. Die Ecke *Freiheit* der Bedürfnisfläche trifft die Ecke *Verantwortung* aus der Konsistenzfläche und die Ecke *Sozialkompetenz* aus der Kompetenzfläche. Auch hier ergeben sich mögliche Zusammenhänge. Deci und Ryan (1993, siehe auch Kap. 5.2) erkennen, dass das Bedürfnis nach Autonomie und Selbstbestimmung nur im verantwortungsvollen sozialen Miteinander gelebt und erfahren werden kann. Freiheit, als Entscheidungsfreiheit verstanden, birgt das Risiko der Fehlentscheidung und erfordert deshalb ein hohes Maß an Selbstverantwortung. Die dritte Ecke der Bedürfnisfläche, *Sinn*, trifft auf die Ecke *Bedeutsamkeit* der Kohärenzfläche und die Ecke *Fach- und Methodenkompetenz* der Kompetenzfläche. Das Zusammentreffen dieser Ecken zeigt, dass das Bedürfnis nach *Sinn* oder nach Frankl der Wille zum Sinn durch die Kohärenzressource *Gefühl* über die Bedeutsamkeit/Sinnhaftigkeit in Verbindung mit der Fach- und Methodenkompetenz realisiert werden kann. Die verbleibenden Eckpunkte der Kompetenz-, Kohärenz- und Konsistenzfläche bilden im zusammengeklappten Zustand des Tetraeders einen neuen Eckpunkt des Selbst, bestehend aus *Selbstkompetenz*, *Selbstwert* und *Selbstkonzept*. Definitorisch könnte man hier unter Bezug auf Kapitel 2.2 und die dort vorgestellten Erkenntnisse der Selbstkonzeptforschung die enge Verbindung von drei Elementen des Selbst erkennen. Dazu gehören die kognitiven Bestandteile des Selbstkonzeptes und seine verschiedenen Selbstkonzeptfacetten sowie dessen emotionale Seite, die Selbstwertschätzung. Gleichzeitig wird durch die gemeinsame Ecke der drei Selbst-Elemente der synergetische Zusammenhang zwischen ihnen verdeutlicht. Im Sinne der Kompetenzdefinition von Erpenbeck und Heyse (2007) können sie als Dispositionen selbstorganisierten Verhaltens verstanden werden. Im Verständnis von Küppers und Krohn (1992) entsteht ein emergentes System, das durch die selbstorganisierende Prozessdynamik eine neue Qualität des Selbstkonzeptes entwickelt. Unterstellt man eine positive Entwicklung des Selbst durch die Verbindung von Selbstkompetenz, Selbstwertschätzung und Selbstkonzept, so kann man diesen synergetischen Prozess auch als Selbstwachstum oder Persönlichkeitsentwicklung bezeichnen. Im Sinne der Überlegungen von Becker repräsentieren die Flächen und deren Eckpunkte auch die von ihm entwickelte Formel zur seelischen Gesundheit [Seelische Gesundheit (SG) = Funktion (f) (Regulationskompetenz (RK), Selbstaktualisierung (SA), Sinnfindung (SF))]:

$$SG = f\,(SA; RK; SF)$$

Dabei könnte die Fläche der psychischen Bedürfnisse im Sinne der Selbstaktualisierung verstanden werden. Die Regulationskompetenz ergibt sich durch die Flächen der Kompetenz und der Konsistenz. Die Sinnfindung wird durch das psychologische Bedürfnis mit der Ecke »Sinn« und der Kohärenzfläche repräsentiert.

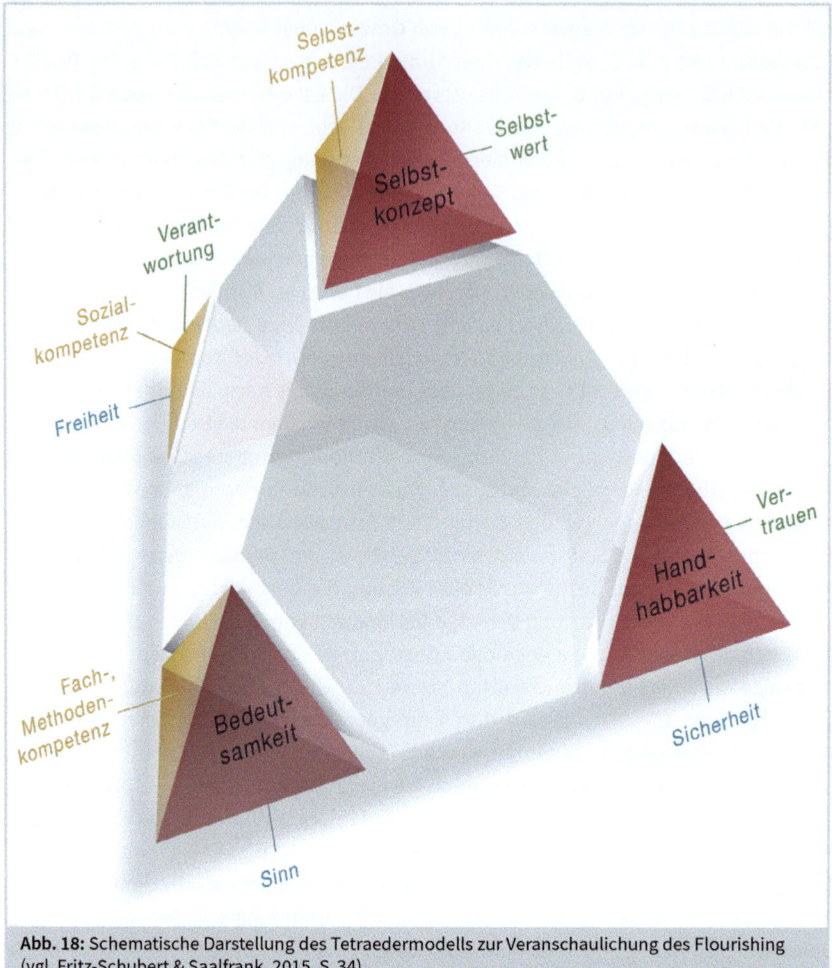

Abb. 18: Schematische Darstellung des Tetraedermodells zur Veranschaulichung des Flourishing (vgl. Fritz-Schubert & Saalfrank, 2015, S. 34)

Das Tetraedermodell kann auch von den Führungskräften für sich selbst genutzt werden oder als Impulsgeber zur Veranschaulichung der Bedürfnisse und Zielrichtungen der einzelnen Mitarbeiter/-innen dienen. Ausgehend von den individuellen Bedürfnissen öffnet es die Fragestellung, inwieweit vorhandene oder noch zu erlangende Ressourcen (bspw. Pioniergeist, Begeisterung, Einsatzfreude und Wertschätzung) dabei dienlich sein können. Die Kompetenzfläche bietet Anlass, über Fach- und Methodenkompetenzen zu reflektieren und soziale Kompetenzen (wie z. B. Bedeutung der

Gemeinschaft) bewusst zu machen. Hier kann immer wieder auch auf die bestehenden Angebote zur eigenen selbstgemäßen Entfaltung eingegangen werden. Wie dies in Mitarbeitergesprächen unter Berücksichtigung der Strauss-Werte erfolgen kann, zeigt das nachfolgende Beispiel.

7.2 Förderung der Selbstregulation durch den Wertekompass

Wie in Kapitel 5.2 beschrieben wurde, geht es bei der Steigerung des Wohlbefindens nicht nur um die Erfüllung eigener Bedürfnisse und Verfolgung eigener Werte, sondern auch um die Übernahme kollektiver Unternehmenswerte und Ziele. Im besten Fall nicht durch Belohnung und Bestrafung, sondern durch Identifikation und Integration in das eigene Wertesystem. Damit das gelingt, bedarf es, wie weiter oben beschrieben wurde, der Vorbildfunktion des Führenden, aber auch einer wertschätzenden und zielgerichteten Kommunikation. Führungskräfte sind deshalb aufgefordert, die Werte und Ziele des Unternehmens in spezifische Ziele für einzelne Mitarbeiterinnen und Mitarbeiter zu transformieren und diese wertschätzend zu kommunizieren. Werte und Ziele sind allerdings nicht immer lustvoll zu erreichen, sondern können zuweilen anstrengend und mit weniger guten Gefühlen verbunden sein. In diesen Situationen bedarf es der extrinsischen Motivation – der Überzeugungsarbeit des Führenden, dass es sich lohnt, die »Komfortzone« zu verlassen und Anstrengungen in Kauf zu nehmen. In Abschnitt 5.2 wurde ausgeführt, dass die beiden Formen der extrinsischen Motivation, die auf Belohnung und Bestrafung oder auf Erwartungsdruck basieren, weniger geeignet sind. Als bessere Möglichkeiten werden die Identifikation und die Integration von Werten beschrieben. Als visuelle Unterstützung der verbalen Überzeugungsarbeit wurde der *Wertekompass* entwickelt. Er führt die Überlegungen von Frankl und Freud fort. Frankl (2015) sieht in der Realisierung von Erlebniswerten, schöpferischen Werten und Einstellungswerten Möglichkeiten der individuellen Sinnfindung. Freud (1948) betrachtet den Menschen als energetisches System, dessen Ziel das Luststreben und die Unlustvermeidung sind.

Ausgehend von diesen beiden Überlegungen wurde das Modell des Wertekompasses geschaffen. Mit diesem Modell, das auch als Tool anwendbar ist, kann der Führende sich selbst und seinen Mitarbeitern/-innen den Zusammenhang zwischen der menschlichen Suche nach Lust und der Vermeidung von Unlust sowie dem Streben nach eigenen und kollektiven Werten verdeutlichen.

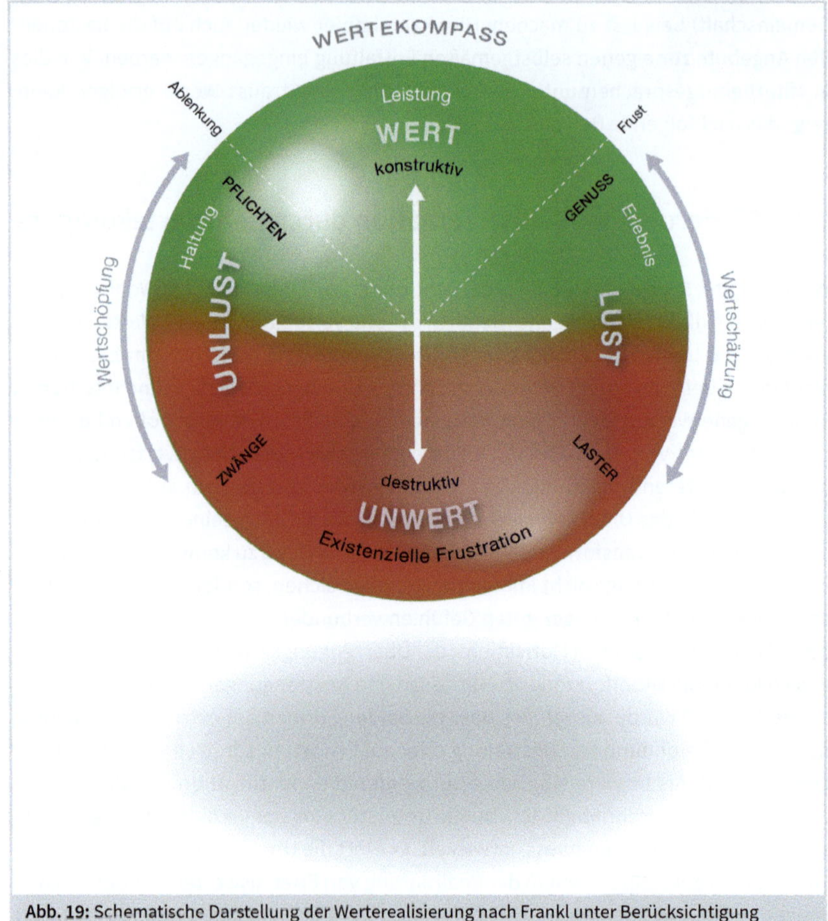

Abb. 19: Schematische Darstellung der Werterealisierung nach Frankl unter Berücksichtigung der Freud'schen Annahme der menschlichen Lustsuche und der Vermeidung von Unlust (eig. Darstellung)

Die Bedeutung der Achsen im Wertekompass

Alles, was wir tun oder unterlassen, wird von Gefühlen der Lust oder Unterlust begleitet. Allerdings wird dabei zunächst nur der Moment oder die konkrete Situation bewertet, in der man gerade anfängt, etwas zu tun, oder in der man etwas zu tun beabsichtigt. Auf einer horizontalen Achse, bei der die Lust auf der rechten Seite abgebildet wird und sich die Unlust auf der linken Seite befindet, würden wir instinktiv eher nach der rechten Seite streben, der Seite der Lust.

Das augenblickliche Verlangen nach Lust und Vermeidung von Unlust sagt aber nichts darüber aus, wie man sich hinterher oder sogar langfristig damit fühlt. Anhand der Position auf der senkrechten Achse kann man erkennen, ob etwas unabhängig von momentanen Lust- oder Unlustgefühlen dazu beiträgt, das für uns Wertvolle und Wichtige und damit Sinnvolle zu realisieren. Je weiter oben wir uns auf der Achse befinden, desto wertvoller wird das Tun oder Unterlassen langfristig empfunden. Je weiter unten es eingeordnet werden muss, desto wertloser wird es auf lange Sicht. Es entsteht am unteren Achsenende als Gegenbegriff zum Wert sozusagen ein »Unwert«. Die Bestimmung der Höhe auf dieser vertikalen Achse erfolgt durch die Bewertung des Gewissens als Sinn-Organ, das erkennt, was uns langfristig konstruktiv weiterbringt, unsere Selbstachtung stärkt oder destruktiv und zerstörerisch auf unsere Selbstachtung einwirkt.

Die vier Felder des Wertekompasses

Die Unterscheidung von momentaner Lust oder Unlust und langfristigem konstruktivem Wert oder destruktivem Unwert ermöglicht die Einteilung in vier Felder, die für das Verständnis der Zusammenhänge von Wohlbefinden und Werten sehr wichtig sind.

Das rechte untere Feld

In diesem Feld befinden sich die Dinge, die wir mit Lust tun, die sich aber hinterher schlecht anfühlen. Wir essen zu viel, trinken zu viel Alkohol, sind computersüchtig oder unterliegen anderen Verführungen. Als exzessive schlechte Gewohnheiten führen sie als Unwerte zu langfristigem Unwohlsein, depressiven Stimmungen oder in das oben beschriebene existenzielle Vakuum, verbunden mit Selbstentwertung bzw. Selbstzerstörung.

Das linke untere Feld

Im linken unteren Feld befinden sich die Dinge, auf die wir keine Lust haben und die dazu noch völlig wert- und sinnlos erscheinen, nachdem wir sie getan haben. Solche Handlungen machen Menschen unter Zwang, der von außen oder von ihnen selbst kommt. So kaufen wir z. B. Dinge, die wir nicht brauchen, mit Geld, das wir nicht haben, um Leuten zu gefallen, die wir nicht leiden können. Wir nehmen Einladungen an, weil wir uns verpflichtet fühlen und aus Höflichkeit nicht absagen wollen und uns hinterher langweilen. Diese Tätigkeiten sind, wenn wir sie auf Dauer ausüben, destruktiv und schaden unserem Wohlbefinden und unserer Gesundheit. Es ist deshalb ratsam, zu prüfen und zu hinterfragen, ob es nicht besser wäre, einen Schlussstrich zu ziehen und im privaten Umfeld oder im Beruf andere Wege einzuschlagen. Jedoch könnten auch neue Haltungen und Einstellungen dazu beitragen, dass diese Tätigkeiten als konstruktiv und wertvoll empfunden werden und dadurch gedanklich in das darüber liegende linke obere Feld verlagert werden.

Das linke obere Feld

In diesem Feld finden wir die Handlungen, die wir tun, weil sie uns langfristig wichtig und wertvoll erscheinen und wir deshalb bereit sind, die Unlust zu überwinden. Der konstruktive Wertzuwachs wird oftmals leider erst hinterher deutlich. Wir reinigen unsere Wohnung, machen unsere Steuererklärung und unterstützen Menschen, die unserer Hilfe bedürfen. Ein verspürter Zwang wird zur erfüllenden Pflicht, wenn man frühzeitig erkennt, welcher Wert der Handlung innewohnt. Diese Tätigkeiten folgen unserem Gewissen. Durch die konstruktive Erfüllung dieser Pflichten entstehen Haltungen und Einstellungen, die unsere Persönlichkeit prägen, auf die wir stolz sein dürfen und die unsere Selbstachtung stärken. Es ist eine Form innerer individueller Wertschöpfung, die dazu führt, dass diese Handlung auf der linken oberen Seite als Wert zu verorten ist. Allerdings versucht die lustbetonte Seite in uns, von diesen Pflichten abzulenken und sich stattdessen lustbringenden vergnüglicheren Dingen zu widmen. Hilfreich gegen diese Form der Ablenkung ist die bewusste Konzentration auf die Bedeutung und Wichtigkeit der Handlung für die eigene Entwicklung.

Das rechte obere Feld

Im rechten oberen Teil befinden sich die Erlebnisse und Tätigkeiten, bei denen wir eine große Lust verspüren, wenn wir sie erleben oder ausführen, und die auch hinterher in der Erinnerung für gute Gefühle sorgen. An erster Stelle sei hier die Begegnung mit anderen Menschen bis hin zur großen Liebe genannt, aber auch durch das kontemplative Eintauchen in die Natur oder in die Kunst können wir Menschen in Beziehung zur Welt treten. Voraussetzung dafür ist, sich aktiv und achtsam den Situationen oder Gegebenheiten bewusst zu werden und sie wertzuschätzen. Das selbstvergessene Eintauchen, die spürbare Resonanz zu Menschen und Dingen ist eine besondere Form des Genusses, die bedeutungsvoller als die Lust ist, die dabei entsteht. Durch erhöhte Aufmerksamkeit und Achtsamkeit gelingt es uns, die Erlebnisse und Begegnungen wertzuschätzen, also den wahren, teils verborgenen Wert zu bemessen. Bei intensiver und wertschätzender Beachtung der Menschen und Dinge, die uns umgeben, gelingt das besonders gut.

Die obere Spitze des Wertekompasses

An der Spitze der senkrechten Achse befindet sich die konstruktive Leistung als Teil einer selbstgemäßen Lebensgestaltung, die das Leben als vorausschauendes Ganzes im Blick hat. Der Leistungsbegriff wird hier sehr weit definiert. Es geht hier um den persönlichen Einsatz, das eigene Engagement und um die wertschöpfende Kraft des Tätigseins. Dabei kommt es weniger auf die Art der Tätigkeit an. Entscheidend sind das Engagement und die Hingabe, gleichgültig ob z. B. sportlich, musisch, im Beruf oder in der Familie. Dieser Bereich verkörpert das Streben nach dem Besten seines Selbst und verspricht den höchsten Zuwachs an Selbstachtung. Sie kann sowohl lustvolle und genussreiche als auch unlustvolle pflichtbewusste Momente beinhalten. Beim Tätigsein kann anfängliche Unlust sich durchaus auch im Zeitablauf in Lust umwandeln. Dafür gibt es viele Beispiele. Die anfängliche Unterstützung anderer aus Pflichtbewusstsein wird zur Freude, weil Altruismus nicht nur dem Empfänger hilft, sondern auch dem empathischen Helfer gute Gefühle verschaffen kann. Erinnert sei auch an das von Mihály Csíkszentmihályi entdeckte Phänomen des Flows, das weiter oben beschrieben wurde: Wie oft geschieht es, dass sich bei sportlichen Aktivitäten die Freude an der Bewegung erst im Verlauf des Trainings einstellt?

Die Bedeutung des Wertekompasses in der Mitarbeiterführung

Mit den vier Feldern und dem Aufzeigen von Möglichkeiten zur Wertschätzung und Wertschöpfung stellt der Wertekompass einerseits für den *Supportive Leader* ein Hilfsmittel zur Führung durch Selbstführung dar, in dem er sich selbst verortet und für sich Lösungen und Wege findet, durch Haltungen, Leistungen und Erlebnisse konstruktiv Werte zu schaffen. Andererseits kann er als Tool zur Förderung der Selbstregulierungskompetenz der Mitarbeiter/-innen gedeutet werden. In der Unterstützung des Leaders in seiner Aufgabe als Mentor und Coach trägt der Wertekompass dazu bei, die individuellen Werte des Mitarbeiters zu erkunden und ihm dabei eine Orientierungshilfe zu geben, seine Werte mit den Unternehmenswerten zu harmonisieren. Dies wäre eine wichtige Voraussetzung, um die Führung durch Zielvereinbarung effizient zu gestalten. Wie Zielvereinbarungen zwischen Führungskraft und Mitarbeiter/-in als gemeinsame und konsistente Entscheidungen als Win-win-Lösungen gefunden werden können, soll im nächsten Abschnitt thematisiert werden.

7.3 Die Förderung der Sinnfindung durch den Resonanzwürfel

Sinnsuche und Sinnfindung im Leben sind nach Becker wesentliche Voraussetzung für die seelische Gesundheit. Aber was meinen wir eigentlich, wenn wir von Lebenssinn sprechen? Das deutsche Wort *Sinn* verweist auf das gotische *sinps* (Gang) und *sinpan* (gehen). Im Althochdeutschen steht *sinnan* für das Wort *reisen*. Im Neuhochdeutschen bekommt es auch die Bedeutung *senden*. In übertragener Bedeutung steht *sinnan* schon im Althochdeutschen für »geistig einer Sache nachgehen«. Mit dieser Definition kann man die Sinnsuche als Form der geistigen Zuwendung des Menschen zur Welt verstehen. Letztlich könnte man den Lebenssinn als Antwort auf die Frage »Wozu leben wir?« sehen. Für Helm Stierlin (2010) erwächst der Lebenssinn aus dem sich immer wieder einstellenden Vertrauen in die Ordnung der inneren und äußeren Welt (ebd., S. 21). Das führt, wie auch schon mehrfach betont wurde, dazu, dass Sinn niemals gegeben oder gar verordnet werden kann, sondern von jedem selbst gefunden werden muss. Aufgrund der Willensfreiheit kann sich jeder für den einen oder den anderen Weg entscheiden. Frankl postuliert deshalb nicht nur den Sinn im Leben, sondern auch den Willen zum Sinn und die Freiheit des Willens. Dabei wird unterstellt, dass der Sinn weder für alle Lebensbereiche gilt, noch fixiert werden kann, vielmehr setzt die Sinnsuche ein fortwährendes persönliches Engagement voraus. Die Sinnsuche beinhaltet aber nicht die uneingeschränkte Freiheit und Unabhängigkeit von anderen Personen. Deci und Ryan (1993) kommen zu dem Ergebnis, dass ein primär emotionsgesteuertes Rückmelde- und Gratifikationssystem existieren muss, das Informationen über die Erlebnisqualitäten liefert. Je reibungsloser die

Person-Umwelt-Interaktionen erfahren werden, desto größer ist die Wahrscheinlichkeit, dass die Situation als positiv erlebt wird und sich die Person wohlfühlt. Als Konsequenz ergibt sich, dass es eine Orientierung an den Handlungen und Verhaltensweisen von nahestehenden Bezugspersonen geben muss. Im Sinne der organismischen Integration kann man sie als Steuerungsfunktion bezeichnen, die es ermöglicht, die Sinnsuche mit dem sozialen System seines persönlichen Umfeldes abzustimmen. Das soziale Umfeld kommt entgegen und wird zum Geschenk für die Selbstentfaltung. So vollzieht sich das autonome Verhalten in sozialer Eingebundenheit. Der Wunsch nach Autonomie und der Wunsch nach sozialer Eingebundenheit werden dann nicht als sich gegenüberstehend oder als Gegensätze wahrgenommen, sondern befinden sich im als sinnvoll empfundenen Einklang.

Für die Sinnsuche sind Weg und Ziel gleichermaßen wichtig. Waibel (2011) erkennt in der ausschließlichen und direkten Zielfixierung den Mangel, vieles zu versäumen, was rechts und links am Wegesrand zu finden ist. Andererseits bestehe die Gefahr, sich ohne Ziel zu verirren oder fehlgeleitet zu werden. Verantwortungsvolle Begleiter schützen vor Verirrungen und Fehlleitungen und sind hilfreich. Wie oben beschrieben wurde, geschieht autonomes Verhalten – auch die Suche nach dem Sinn – immer in sozialer Eingebundenheit. Mit dem im vorhergehenden Abschnitt beschriebenen Wertekompass wurde bereits ein Tool genannt, mit dem die Weg- und Zielbestimmung auch mit der Begleitung durch Führungskräfte erfolgen kann. Durch gemeinsame Zielvereinbarung soll chronische Unter- oder Überforderung vermieden und die Produktivität und Weiterentwicklung des Mitarbeiters oder der Mitarbeiterin gefördert werden. Die Arbeiten von Locke und Latham (2002) zum »Goal-Setting-Ansatz« belegen, dass Ziele anspruchsvoll, realistisch, konkret, zeitlich begrenzt und messbar formuliert sein müssen, damit Spitzenleistungen erreicht werden können. Führen durch Zielvereinbarungen (nicht Zieldiktat) bedeutet, dass alle Mitarbeiterinnen und Mitarbeiter die Messlatte kennen und dass die Oberziele des Unternehmens in spezifische Ziele für die Abteilung, die Gruppe, den Einzelnen usw. transformiert werden. Weiß die Person nicht, was wirklich von ihm erwartet wird, so spricht das für ein Versagen der Führungskraft.

Mitarbeiter/-innen möchten außerdem nicht ständig nur vereinbarte Ziele erfüllen; sie möchten sich dabei auch in ihren Kompetenzen weiterentwickeln (Bedürfnis nach persönlichem Wachstum) und, wenn sie die Ziele erfüllen oder übererfüllen, auch Aufstiegsmöglichkeiten bekommen. Jede/r Mitarbeiter/-in sollte daher die Möglichkeit erhalten, sich seinen/ihren Fähigkeiten, persönlichen Talenten und Interessen entsprechend weiterzuentwickeln. Bei entsprechender Qualifikation und Leistung sollte ein Aufstieg im Unternehmen ermöglicht werden.

Mit dem Resonanzwürfel soll nun ein weiteres Modell vorgestellt werden, das als Tool im Mitarbeitergespräch hilfreich bei der Sinnsuche verwendet werden kann.

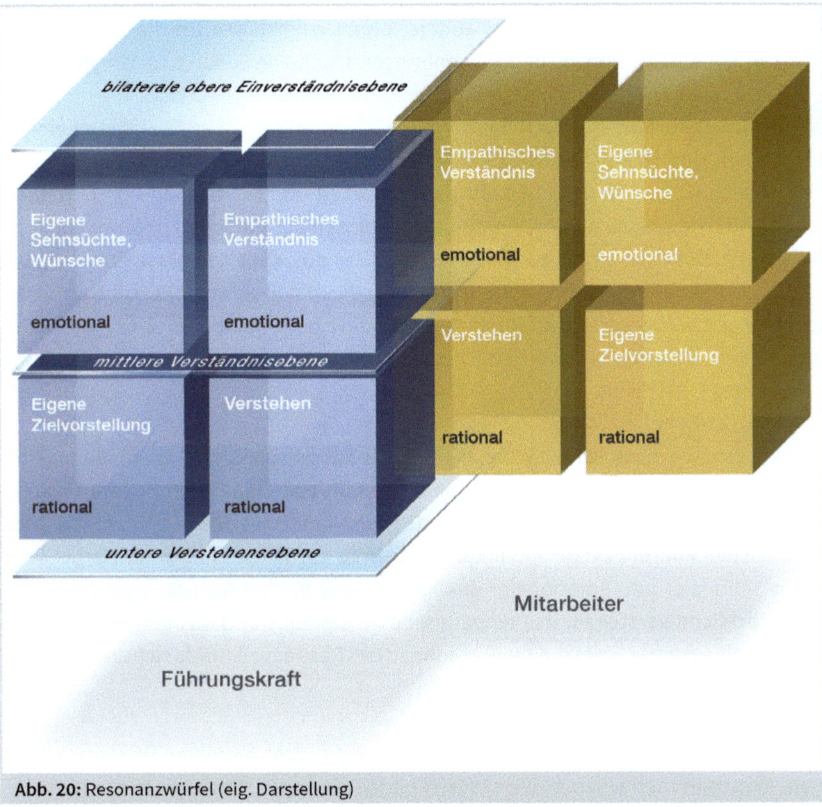

Abb. 20: Resonanzwürfel (eig. Darstellung)

Der Resonanzwürfel soll die Verbundenheit zwischen Führungskraft und Mitarbeiter/-in verbessern. Resonanz beschreibt der Soziologe Hartmut Rosa (2019) als das Berührtsein von Menschen, Dingen oder auch im Sinne von Spiritualität. Beim Resonanzwürfel geht es um das Berührtsein von anderen Menschen in einer schrittweisen Stufenabfolge wie sie Schulz von Thun als Verstehen, Verständnis und Einverständnis beschreibt (Schulz von Thun, Kumbier 2010). Wie mehrfach dargestellt wurde, brauchen Menschen soziale Anerkennung, wollen geliebt, geschätzt und geachtet werden und fürchten soziale Missachtung zutiefst. Sie erfahren Sinn, wenn sie sich mit ihren Mitmenschen verbunden fühlen und von ihrer Umgebung berührt werden. Resonanz ist somit das Gegenteil von Entfremdung, die in das Gefühl von Sinnlosigkeit und existenzieller Frustration münden kann, wie im vorhergehenden Abschnitt mit dem Wertekompass dargestellt wurde. Der Resonanzwürfel kann bei Mitarbeitergesprächen als Kommunikationsmittel genutzt werden und die Resonanz zwischen den Gesprächspartnern auf drei Ebenen verbessern: *Erstens* Möglichkeiten schaffen, um das Gegenüber zu verstehen und über die Sinnesorgane überhaupt wahrzunehmen; *zweitens* ein empathisches Verständnis für den Gesprächspartner und seine Handlungsweise ermöglichen und *drittens* im

Idealfall ein Einverständnis über das weitere Vorgehen herstellen, um dies für die Beteiligten als konsistent, sinnvoll und gewinnbringend für beide Seiten zu erfahren.

Der Resonanzwürfel basiert auf dem von den US-amerikanischen Sozialpsychologen Joseph Luft und Harry Ingham (1955) entwickelten Johari-Kommunikationsmodell. Die Zielsetzung des Modells besteht darin, Stärken und Schwächen von Einzelpersonen und Gruppen zu erkennen und den Austausch der Personen untereinander zu verbessern. Die Autoren gehen ferner von der Idee aus, dass das Wissen über eigene bewusste und unbewusste Verhaltensmerkmale nicht nur die zwischenmenschlichen Beziehungen verbessert, sondern auch dazu beiträgt, vorhandene, aber nicht wahrgenommene Sehnsüchte und Bedürfnisse bewusst zu machen, deren Realisierung Sinnfindung ermöglicht.

Die Idee des zweidimensionalen Johari-Fensters bot sich als Grundlage für den dreidimensionalen Resonanzwürfel an, um die von Schulz von Thun in der Kommunikation geforderten drei Ebenen des Verstehens, des Verständnisses und des Einverständnisses zwischen Führungskraft und Mitarbeiter/-in zu verdeutlichen. Unter Berücksichtigung rationaler und emotionaler Erwägungen der beiden Gesprächspartner kann das sprachliche Verstehen, das empathische Verständnis und das gemeinsame Einverständnis sukzessive erarbeitet und anhand des Resonanzwürfels sichtbar gemacht werden.

Der dreidimensionale Resonanzwürfel setzt sich aus acht einzelnen Würfeln zusammen, die zusammen einen großen Würfel bilden. Er begünstigt eine offene Kommunikationskultur – »Tough on the issue, soft on the person«. Wer die kollektive und individuelle Sinnsuche seiner Mitarbeiter/-innen begünstigen möchte, wird trotz bestehender notwendiger hierarchischer Struktur Möglichkeiten für eine offene, hierarchiefreie und tabufreie Kommunikation suchen. Nur so können die Sehnsüchte, Bedürfnisse und Probleme der Basis für das *Supportive Leadership* erkannt und im Entscheidungsprozess berücksichtigt werden. Gleichzeitig muss es der Führungskraft im Sinne der transformationalen Führung gelingen, jedem einzelnen Mitarbeiter und jeder einzelnen Mitarbeiterin den unternehmerischen *Purpose* zu vermitteln und ihm/ihr so die Teilhabe durch Identifikation und Integration an der kollektiven Werteorientierung und Sinnsuche zu ermöglichen.

Die Benutzung des Resonanzwürfels als Hilfsmittel in der Kommunikation

Insgesamt stehen Mitarbeiter/-in und Führungskraft je vier Würfel zu Verfügung. Je zwei dienen zur Darstellung der eigenen rationalen Vorstellungen und Ziele und zum Zeichen, das Gegenüber in seinen Vorstellungen sprachlich verstanden zu haben. Die Zusammenführung der ersten vier Würfel erfolgt auf der Ebene des Verstehens. Die verbleibenden vier Würfel verkörpern zum einen die eigenen emotionalen und rationalen Sehnsüchte, Wünsche und Ziele und zum anderen das empathische Verständnis des Gegenübers für diese Vorstellungen. Die einzelnen Würfel der beiden Gesprächspartner sind beweglich und können deshalb im Verlauf der Gesprächsphasen zu einem großen Würfel aus acht kleinen Würfeln zusammengeführt werden, um so ein sinnstiftendes Einverständnis sichtbar zu machen. Die Benutzung der Würfel ermöglicht neben der akustischen und visuellen Erfassung der Gesprächsinhalte auch die haptische Erfahrung. So kann z. B. durch die Zusammenführung und Berührung des Würfels »Eigene Sehnsüchte, Wünsche« mit dem Würfel »Empathisches Verständnis« das eigene empathische Berührtsein als Resonanz verdeutlicht werden. Das Gespräch läuft entsprechend der drei Phasen Verstehen, Verständnis und Einverständnis ab und vollzieht sich wie beim Hausbau von unten nach oben.

1. Verstehensphase: Auf der unteren Ebene beginnt der Mitarbeiter oder die Mitarbeiterin mit den rationalen Vorstellungen und Zielen. Nach der Erklärung stellt er/sie den Würfel auf die Verstehensebene. Die Führungskraft ihrerseits erklärt, dass die Vorstellungen des Mitarbeiters/der Mitarbeiterin versteht. Das kann zum Beispiel durch die Wiederholung der Inhalte erfolgen. Das Verstehen wird durch Aufstellen des Verstehenswürfels der Führungskraft gegenüber dem Vorstellungswürfel des Mitarbeiters oder der Mitarbeiterin dargestellt. Durch die Berührung der beiden Würfel entsteht eine sichtbare und akustische Resonanz. Im Anschluss stellt die Führungskraft ihre rationalen Vorstellungen und Ziele vor. Umgekehrt zeigt der Mitarbeiter oder die Mitarbeiterin durch das Stellen des Verstehenswürfels und durch sprachliche Resonanz, dass er/sie die Vorstellungen der Führungskraft verstanden hat.

2. Verständnisphase: In dieser Phase kann auf der Verstehensebene aufgebaut werden. Dabei stellt zunächst der Mitarbeiter/die Mitarbeiterin die eigenen emotionalen und rationalen Wunschvorstellungen vor und stellt den eigenen Wunschwürfel auf den Würfel der rationalen Vorstellung. Die Führungskraft zeigt durch sprachliche, mimische, gestische Reaktionen Verständnis und stellt ihren *empathischen Verständniswürfel* auf den Würfel des *rationalen Verstehens*. Umgekehrt stellt nun die Führungskraft ihre emotionalen und rationalen Wunschvorstellungen vor. Die von dem Mitarbeiter/der Mitarbeiterin wertschätzend aufgenommen und verstanden werden. Durch das Aufstellen des empathischen Verständniswürfels signalisiert der Mitarbeiter/die Mitarbeiterin das Verständnis für die Wunschvorstellungen des Vorgesetzten. In dieser Phase können Missverständnisse zwischen dem von der Person Gewollten und der Wahrnehmung des Anderen geklärt werden.

3. Phase des Einverständnisses: Führungskraft und Mitarbeiter/-in betrachten den großen Würfel mit seinen acht Einzelwürfeln und können ihre unterschiedlichen Interessen, Gefühle und Wahrnehmungen rational und emotional betrachten, abwägen und abstimmen. Die Rückmeldungen sollten, wie weiter unten beschrieben wird, nach Seligman (2012) wertschätzend und auf Augenhöhe erfolgen und dazu beitragen, dass die sonst verborgenen unbewussten Wünsche und Vorstellungen der Führungskraft und des Mitarbeiters/der Mitarbeiterin geborgen und relativiert werden. In dieser Phase werden unbewusste Sehnsüchte und Wünsche, aber auch tief verwurzelte Glaubenssätze offenbart. Die Berücksichtigung dieser Anteile in der anschließenden Zielvereinbarung trägt dazu bei, dass diese von dem Mitarbeiter/der Mitarbeiterin und der Führungskraft als sinnvoll, wichtig und als geklärt betrachtet werden. Ihre Berücksichtigung soll mögliche aufkeimende innere Widersprüche verhindern, ist identitätsfördernd und stärkt das gegenseitige Vertrauen. In dieser Phase sollen konsistente sinnvolle Entscheidungen entstehen, die von beiden nicht nur akzeptiert, sondern als Win-win-Situation harmonisch und wohltuend empfunden werden.

Es erscheint zweckmäßig bei der Benutzung des Resonanzwürfels die Grundregeln von Erich Fromm (2005) für das selbstlose Verstehen zu beachten, die hier verkürzt dargestellt werden:

1. Vollständige Konzentration des Zuhörers.
2. Freiheit von Angst und Gier.
3. Sprachliche Vielfalt, um die Vorstellungskraft des Gegenübers zu stärken.
4. Empathie für den anderen haben und stark genug sein, die Erfahrung des anderen zu fühlen, als wäre es seine eigene.
5. Die Fähigkeit zur Empathie ist ein wichtiger Teil der Fähigkeit das Gegenüber wertschätzend anzunehmen.

Ebenso sollten die Grundsätze der *Activ Constructiv Response*, also der aktiven, wertschätzenden Rückmeldung aus der Positiven Psychologie in den Mitarbeitergesprächen berücksichtigt werden. Seligman geht davon aus, dass es vier Möglichkeiten gibt, auf Nachrichten zu reagieren. Dabei unterscheidet er konstruktive, also ermutigende, aufbauende Rückmeldungen und destruktive, zerstörende, entmutigende Rückmeldungen. Je nachdem, mit welcher Energie die Rückmeldungen gegeben werden, unterteilt Seligman (2012) diese Formen noch in die konstruktive aktive bzw. konstruktive passive Rückmeldung und die destruktive aktive und destruktive passive Rückmeldung:

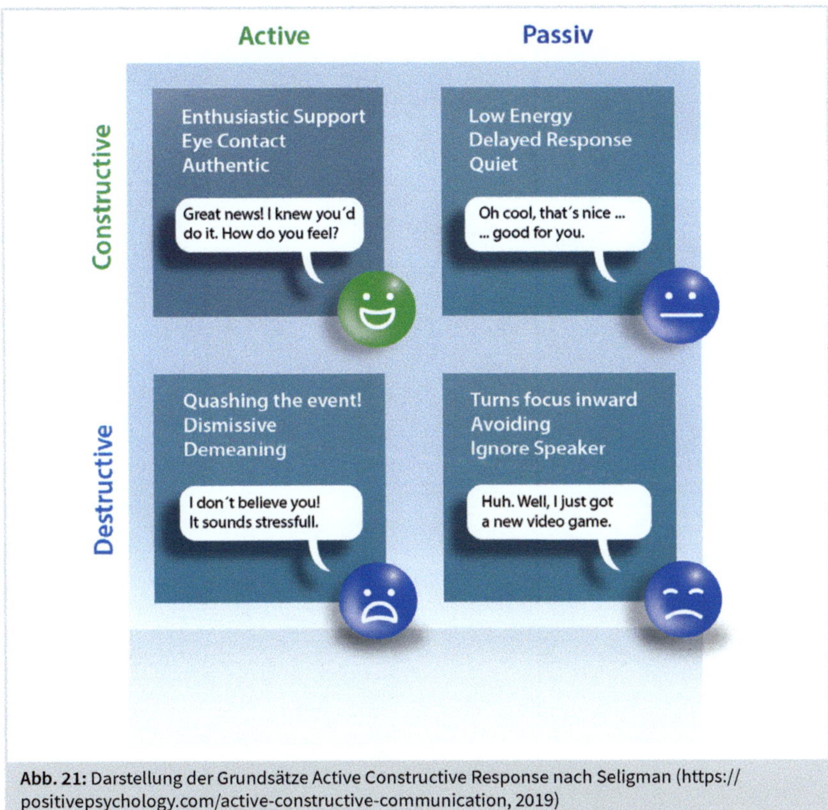

Abb. 21: Darstellung der Grundsätze Active Constructive Response nach Seligman (https://positivepsychology.com/active-constructive-communication, 2019)

Für die Umsetzung der Erkenntnisse von Seligman (2012) bietet es sich an, klare Regeln für eine wertschätzende und zielführende Kommunikation festzulegen.

!

Schnellcheck:

Für die konkrete Umsetzung einer mitarbeiterorientierten Führung bieten sich beispielhaft drei Tools an:

1. *Das Tetraedermodell als kommunikationsförderndes Tool zur Förderung der Selbstaktualisierung.*
2. *Der Wertekompass zur Förderung der Selbstregulation im Kontext transformationaler Führung.*
3. *Der Resonanzwürfel zur Förderung der Sinnfindung.*

8 Zusammenfassung und Ausblick

Der vorliegende Beitrag beschreibt das Konzept einer wertebasierten Unternehmenskultur und mitarbeiterorientierten Führung. In den sieben vorangegangenen Kapiteln wurden ausgehend von den gesellschaftlichen und wirtschaftlichen strukturellen Veränderungen die notwendigen Anpassungsprozesse der Unternehmenskultur und Mitarbeiterführung aufgezeigt. Die weiteren Ausführungen erfolgten anhand eines systemischen Verständnisses, die das Unternehmen als wirtschaftliches und soziales System definiert. In diesem Kontext werden die Beschäftigten als selbstbestimmte Individuen betrachtet, die im Produktionsprozess qualitativ und quantitativ miteinander agieren. Ergänzt durch ein aufgabenorientiertes Organisationssystem, das als »Supportive Leadership« dient, sollen so die Ressourcen der einzelnen Mitarbeiter/-innen und der selbstorganisierten Teams unterstützt, gefördert und die angestrebten wirtschaftlichen Ziele der Unternehmung realisiert werden.

Ausgangspunkt der Betrachtung bildeten die zentralen psychischen Grundbedürfnisse der Menschen nach Autonomie, Geborgenheit und Sinnfindung, ferner ihr Verlangen nach Selbstachtung, Selbstentwicklung und dem Gefühl, den Herausforderungen gewachsen zu sein. Es erfolgte der Transfer auf die Mitarbeiter/-innen im Unternehmen, die danach streben, selbstbestimmt und selbstverantwortlich zu handeln, ihre Kompetenzen zu erweitern und mit Kolleginnen und Kollegen eine wertschätzende Gemeinschaft zu bilden.

Aufbauend auf der These, dass sich die Beschäftigten durch die Realisierung dieser psychischen Grundbedürfnisse und Sehnsüchte stärker mit ihren Aufgaben und dem Unternehmen identifizieren sowie gesünder und leistungsfähiger sind, erfolgte die konkrete Operationalisierung und Umsetzung am Beispiel des Unternehmens engelbert strauss. Dabei wurde zweischrittig vorgegangen: Im ersten Schritt wurde gezeigt, wie mithilfe der *WerteWerkstatt* die Werte aller am Produktionsprozess Beteiligten des Unternehmens engelbert strauss ergründet und als Rahmenbedingungen der Unternehmung festgelegt wurden. Im zweiten Schritt wurde expliziert, wie durch eine mitarbeiterorientierte Führung jeder einzelne Beschäftigte befähigt werden kann, seine Bedürfnisse zu befriedigen, sich selbstgemäß zu entfalten und die kollektiven Werte der Unternehmung zu leben. In diesem Zusammenhang wurden drei Modelle vorgestellt, die dazu beitragen können, die seelische Gesundheit der Mitarbeiter/-innen zu stärken.

Das Tetraedermodell diente zur Veranschaulichung der Erfassung der psychischen Bedürfnisse und der zur Erfüllung notwendigen Kompetenzen und Ressourcen. Durch die Darstellung des Wertekompasses wurde gezeigt, wie das Unternehmen als »Lebensschauplatz« dazu beitragen kann, Haltungen, Leistungen und Erlebniserwartungen der Beschäftigten durch Wertschöpfung und Wertschätzung mit den Unternehmenszielen zu harmonisieren. Letztlich wurde durch den Resonanzwürfel verdeutlicht, wie durch die gezielte Kommunikation über die Ebenen des Verstehens, des Verständnisses und des Einverständnisses die Führungsebene durch Zielvereinbarungen zur Sinnfindung jedes Einzelnen und der Unternehmung beitragen kann.

Auch wenn der dynamische Prozess hin zum Unternehmensziel Wohlbefinden bei engelbert strauss noch nicht abgeschlossen ist, so konnten in dieser Arbeit erfolgsversprechende Ansätze und richtungsweisende Zwischenziele der wertebasierten Unternehmenskultur und der mitarbeiterorientierten Führung vorgestellt werden.

Die im Unternehmen engelbert strauss gefundenen Unternehmenswerte Begeisterung, Wertschätzung, Einsatzfreude, Gemeinschaft und Pioniergeist verweisen auf den kreativen, innovativen und experimentierfreudigen Charakter des gesamten Unternehmens. Experimente zeichnen sich dadurch aus, dass das auf den Prüfstand gestellt wird, was vorher als unantastbarer Glaubenssatz galt. Das angestrebte Unternehmensziel Wohlbefinden zeigt, wie die kritische Auseinandersetzung mit traditionellen betriebswirtschaftlichen Sichtweisen zu konkreten gesundheits- und zufriedenheitsfördernden Reformideen führen kann. Solche gelungenen Projekte erweitern nicht nur die Perspektiven des Unternehmens, sondern sind auch aus gesellschaftlicher Sicht wünschenswert und notwendig, verdeutlichen sie doch, dass ethische Handlungsmotive und gelebte Handlungsverantwortung, ohne ökonomische Prinzipien zu verletzen, das Wohlbefinden aller am Unternehmen Beteiligten steigern können. Als Vorreiter und Pioniere stärken solche Unternehmen das Vertrauen politischer Akteure, zukunftsfähige, innovative Veränderungen vorzunehmen, Neues zu wagen und die dabei auftretenden Risiken in Kauf zu nehmen.

Literaturverzeichnis

Adler, F. & Schachtschneider, U. (2010): Green New Deal, Suffizienz oder Ökosozialismus? Konzepte für gesellschaftliche Wege aus der Ökokrise. München: Oekom.

Antonovsky, A. (1997): Salutogenese. Zur Entmystifizierung der Gesundheit. Tübingen: Deutsche Gesellschaft für Verhaltenstherapie.

Babcock-Roberson, M. E. & Strickland, O. J. (2010): The relationship between charismatic leadership, work engagement, and organizational citizenship behaviors. 2010, May-Jun; 144, 3. [WWW-Dokument, entnommen am 05.04.2019] URL https://www.ncbi.nlm.nih.gov/pubmed/20461933.

Bandura, A. (1997): Self-efficacy: The exercise of control. New York: Freeman.

Bass, B. M. (1985): Leadership and performance beyond expectations. New York: The Free Press.

Becker, P. & Minsel, B. (1986): Psychologie der seelischen Gesundheit (Bd. 2). Göttingen: Hogrefe.

Becker, P. (1982): Psychologie der seelischen Gesundheit (Bd. 1). Göttingen: Hogrefe.

Biermann-Ratjen, E., Eckert, J. & Schwartz, H. (1997): Gesprächspsychotherapie. Verändern durch Verstehen. 8. Aufl. Stuttgart: Kohlhammer.

Block, J. (1961): The Q-sort method in personality assessment and psychiatric research. Springfield, Ill: C. C. Thomas.

Boom, v. d. M. (2015): Wo geht's denn hier zum Glück? Meine Reise durch die 13 glücklichsten Länder der Welt und was wir von ihnen lernen können. Frankfurt a. M.: Fischer Taschenbuch.

Bundespsychotherapeutenkammer (2018): Pressemeldung zur BPtK-Auswertung 2018 »Langfristige Entwicklung Arbeitsunfähigkeit«. [WWW-Dokument, entnommen am 10.04.2020] URL https://www.bptk.de/die-laengsten-fehlzeiten-weiterhin-durch-psychische-erkrankungen (zit. als BPtK-Auswertung, 2018).

Csíkszentmihályi, M. (2004): Flow im Beruf – Das Geheimnis des Glücks am Arbeitsplatz. Stuttgart: Klett-Cotta.

Deci, E. L. & Ryan, R. M. (1993): Die Selbstbestimmungstheorie der Motivation und Ihre Bedeutung für die Pädagogik. Zeitschrift für Pädagogik, 39, 2, S. 223–238.

dpa-Newskanal (2014): Auf Selbsterforschung: Meditieren für die Wissenschaft. [WWW-Dokument, entnommen am 25.04.2020] URL https://www.sueddeutsche.de/gesundheit/gesundheit-auf-selbsterforschung-meditieren-fuer-die-wissenschaft-dpa.urn-newsml-dpa-com-20090101-131230-99-05104 (zit als SZ, 2014).

Drösser, C. (2018): Google Walkout. »Wir sind nicht nur Angestellte, wir sind Besitzer.« [WWW-Dokument, entnommen am 13.03.2020] URL https://www.zeit.de/digital/internet/2018-11/google-walkout-mitarbeiter-proteste-sexismus?utm_referrer=https%3A%2F%2Fwww.google.de%2F.

Dweck, C. (2007): Selbstbild. Mindset wie unser Denken Erfolge oder Niederlagen bewirkt. Frankfurt a. M.: Campus-Verl.

Dweck, C. S. (1999): Self-theories: their role in motivation, personality and development. Philadelphia: Psychology Press.

Erikson, E. H. (1966): Identität und Lebenszyklus. Wachstum und Krisen der gesunden Persönlichkeit, Ich-Entwicklung und geschichtlicher Wandel. Das Problem der Ich-Identität. Frankfurt a. M.: Suhrkamp Verlag.

Erpenbeck, J. & Heyse, V. (2007): Die Kompetenzbiographie. Münster: Waxmann.

Erpenbeck, J. & Rosenstiel, L. v. (Hrsg.) (2007a): Handbuch Kompetenzmessung. (2. Aufl.). Stuttgart: Schäffer-Poeschel.

Erpenbeck, J. & Rosenstiel, L. v. (2007b): Vorbemerkung zur 2. Auflage. In: J. Erpenbeck & L. v. Rosenstiel (Hrsg.), Handbuch Kompetenzmessung. Erkennen. Verstehen und Bewerten von Kompetenzen in der betrieblichen, pädagogischen und psychologischen Praxis (2. Aufl.). Stuttgart: Schäffer-Poeschel, S. XI–XIV.

Erpenbeck, J. & Rosenstiel, L. v. (2007c): Einführung. In: J. Erpenbeck & L. v. Rosenstiel (Hrsg.), Handbuch Kompetenzmessung. Erkennen. Verstehen und Bewerten von Kompetenzen in der betrieblichen, pädagogischen und psychologischen Praxis (2. Aufl.). Stuttgart: Schäffer-Poeschel, S. IX–XL.

Frank, R. (2010): Wohlbefinden fördern. Positive Therapie in der Praxis. Stuttgart: Klett-Cotta.

Frank, R. (Hrsg.) (2007): Therapieziel Wohlbefinden. Heidelberg: Springer.

Frankl, V. E. (2017): Existentielle Frustration als ätiologischer Faktor in Fällen von aggressivem Verhalten. In: G. Warda, H. Waider, R. v. Hippel & D. Meurer (Hrsg.), Festschrift für Richard Lange zum 70. Geburtstag. Reprint Berlin: De Gruyter, S. 649–658.

Frankl, V. E. (2015): Der Mensch vor der Frage nach dem Sinn. (27. Aufl.). München: Piper.

Frankl, V. E. (2005): Der Wille zum Sinn. (5., erw. Aufl.). Bern: Huber.

Fredrickson, B. L. (2014): Prioritizing positivity: An effective approach to pursuing happiness? LI Catalino: SB Algoe.

Fredrickson, B. L. (2013); Positive Emotions Broaden and Build. In: P. Devine, & A. Plant (Hrsg.), Advances in Experlmental Social Psychology Vol. 47. Burlington: Academic Press, S. 1–53.

Fredrickson, B. L. (2004): The broaden-and-build theory of positive emotions, Department of Psychology, University of Michigan: Ann Arbor. Published online, 17 August 2004. [WWW-Dokument, entnommen am 17.03.2020] URL https://www.ncbi.nlm.nih.gov/pmc/articles/PMC1693418/pdf/15347528.pdf.

Fredrickson, B. L. (1998): What good are positive emotions? Review of General Psychology,2 (3), S. 300–319.

Fredrickson, B. L, & Losada, M. F. (2011): Positive Affect and the Complex Dynamics of Human Flourishing. [WWW-Dokument, entnommen am 26.09.2018] URL https://www.ncbi.nlm.nih.gov/pmc/articles/PMC3156001/.

Frei, F., Duell, W. & Baitsch, C. (1984): Arbeit und Kompetenzentwicklung – Theoretische Konzepte zur Psychologie arbeitsimmanenter Qualifizierung. Bern: Huber.

Freud, S. (1948): Werke aus den Jahren 1925–1931. Gesammelte Werke, Band XIV. Frankfurt a. M.: Fischer.

Frey, D., Streicher, B. & Aydin, N. (2013): Center of Excellence Kulturen sowie professionelle ethikorientierte Führung als Voraussetzung für ökonomischen Erfolg. In: S. Grote (Hrsg.), Führung der Zukunft. Berlin: Springer, S. 235–253.

Fritz-Schubert, E. & Saalfrank, W.-T. (2015): Schulfach Glück – Skizze und Hintergründe. In: E. Fritz-Schubert, W.-T. Saalfrank & M. Leyhausen (Hrsg.), Praxisbuch Schulfach Glück. Grundlagen und Methoden. Weinheim: Beltz, S. 14–39.

Fromm, E (2005). Von der Kunst des Zuhörens: Therapeutische Aspekte der Psychoanalyse, Ullstein, Berlin

Grawe, K. (2004): Neuropsychotherapie. Göttingen: Hogrefe.

Hartmann, U. (2019): Neue Fehlerkultur: Mit Achtsamkeit zum Unternehmenserfolg. [WWW-Dokument, entnommen am 15.05.2020] URL https://www.capital.de/karriere/neue-fehlerkultur-mit-achtsamkeit-zum-unternehmenserfolg.

Hauser, F., Schubert, A. & Aicher, M. (2006): Forschungsbericht 18/05, 2006. Berlin: Bundesministerium für Arbeit und Soziales.

Helliwell, J. F., Layard, R., Sachs, J. & De Neve, J.-E. (Hrsg.) (2020): World Happiness Report 2020. New York: Sustainable Development Solutions Network. [WWW-Dokument, entnommen am 20.12.2020] URL http://worldhappiness.report.

Huppert, F. A., & So, T. T. (2013): Flourishing across Europe: application of a new conceptual framework for defining well-being. Social Indicators Research, 110, 3, S. 837–861.

Kammel, A. & Hentze, J. (1996): Benötigen Organisationen charismatische Führung? In: Zeitschrift für Organisation u. Führung 65, 2, S. 68–72.

Keyes, C. L. M (2005): Mental Illness and/or Mental Health? Investigating Axioms of the Complete State Model of Health. In: Journal of Consulting and Clinical Psychology, 73, 3, S. 539–548.

Keyes, C. L. M. (2002): The mental health continuum: From languishing to flourishing in life (PDF). In: Journal of Health and Social Behavior, 43, 2, S. 207–222.

Kingdon, J. W. (2003): Agendas, alternatives, and public policies, New York: Longman.

Küppers, G. & Krohn, W. (1992): Selbstorganisation. Zum Stand einer Theorie in den Wissenschaften. IW. Krohn & G. Küppers (Hrsg.), Emergenz: Die Entstehung von Ordnung, Organisation und Bedeutung (2. Aufl.). Frankfurt a. M.: Suhrkamp, S. 7–26.

Kuhl, J. (2001). Motivation und Persönlichkeit. Interaktionen psychischer Systeme. Göttingen: Hogrefe.

Lischetzke, T. & Eid, M. (2005): Wohlbefinden. In: H. Weber & T. Rammsayer (Hrsg.), Handbuch der Persönlichkeitspsychologie und Differentiellen Psychologie. Göttingen: Hogrefe, S. 413–422.

Locke, E. A. & Latham, G. P. (2002): Building a Practically Useful Theory of Goal Setting and Task Motivation. In: American Psychologist, 705, 57, S. 705–717.

Losada, M. (1999): The complex dynamics of high performance teams. In: Mathematical and Computer Modelling, 30, S. 179–192.

Luft, J. & Ingham, H. (1955): The Johari window, a graphic model of interpersonal awareness. In: Proceedings of the western training laboratory in group development. Los Angeles: UCLA.

Luhmann, N. (1984): Soziale Systeme. Grundriß einer allgemeinen Theorie. Frankfurt a. M.: Suhrkamp.

Menninger, K. (1968): Das Leben als Balance. München: Piper.

Myers, D. G. (2000): Hope and Happiness. In: M. E. P. Seligman (Hrsg.), The science of optimism and hope. Research essays in honor of M. E. P. Seligman. Philadelphia: Templeton Foundation Press, S. 323–336.

Opielka, M. (2017): Der Wohlfahrtsstaat in der Postwachstumsgesellschaft. In: H. Diefenbacher, B. Held & D. Roenhäuser (Hrsg.), Ende des Wachstums – Arbeit ohne Ende? Arbeiten in einer Postwachstumsgesellschaft. Marburg: Metropolis 2017, S. 131–161.

Peus, C., Traut-Mattausch, E., Kerschreiter, R., Frey, D. & Brandstätter, V. (2004): Ökonomische Auswirkungen professioneller Führung. In: M. Dürndorfer & P. Friederichs (Hrsg.), Human Capital Leadership. Hamburg: Murmann, S. 193–209.

Posse, D. (2015): Zukunftsfähige Unternehmen in einer Postwachstumsgesellschaft. Eine theoretische und empirische Untersuchung, Schriften der Vereinigung für Ökologische Ökonomie. Vereinigung für Ökologische Ökonomie, Heidelberg. [WWW-Dokument, entnommen am 28.04.2019] URL http://www.voeoe.de/publikationen.

Presse- und Informationsamt der Bundesregierung (Hrsg.) (2016): Bericht der Bundesregierung zur Lebensqualität in Deutschland. Berlin: Presse- und Informationsamt der Bundesregierung.

Riemeyer, J. (2007): Die Logotherapie Viktor Frankls und ihre Weiterentwicklungen. Eine Einführung in die sinnorientierte Psychotherapie. Bern: Huber.

Rokeach, M. (1973): The nature of human values. New York: The Free Press.

Rosa, H. (2019): Resonanz. Eine Soziologie der Weltbeziehung. Berlin: Suhrkamp.

Rosenstiel, L. v. (2011): Kompetenzen erkennen und entwickeln in der Krise. [WWW-Dokument, entnommen am 29.08.2015] URL http://www.psy.lmu.de/soz/studium/downloads.../von_rosenstiel_krise.pdf.

Ryff, C. D. (2002): Optimizing Well-Being: The Empirical Encounter of Two Traditions. Journal of Personality and Social Psychology, 82, 6, S. 1007–1022.

Ryff, C. D. (1989): Happiness is everything, or is it? Explorations on the meaning of psychological well-being. In: Journal of Personality and Social Psychology, 57, S. 1069–1081.

Schaeffler, R. (1974): Sinn. In: H. Krings, H. M. Baumgartner & Ch. Wild (Hrsg.), Handbuch philosophischer Grundbegriffe. München: Kösel, S. 1325–1341.

Schulz von Thun, F, Kumbier, D (Hg.) (2010): Impulse für Kommunikation im Alltag, Kommunikationspsychologische Miniaturen 3, Rowohlt Taschenbuch Verlag, Reinbek bei Hamburg,

Seligman, M. E. P. (2012): Flourish. Sydney, Australia: Random House.

Seligman, M. E. P. (2011): Flourish: A Visionary New Understanding of Happiness and Wellbeeing. New York: Free Press.

Seligman, M. E. P. (2005): Der Glücks-Faktor: Warum Optimisten länger leben. Bergisch Gladbach: Lübbe.

Seligman, M. E. P. (2002): Positive Psychology, Positive Prevention and Positive Therapy In: C. R. Snyder & S. J. Lopez (Hrsg.), Handbook of Positive Psychology. Oxford: University Press, S. 3–9.

Seligman, M. E. P. (1993): What You Can Change and What You Can't: The Complete Guide to Successful Self-Improvement. New York: Knopf.

Seligman, M. E. P. (1975): Helplessness. On Depression, Development and Death. San Francisco: N. H. Freeman and Company.

Seligman, M. E. P., Steen, T. A., Park, N. & Peterson, C. (2005): Positive Psychology Progress: Empirical Validation of Interventions. In: American Psychologist, 60, 5, S. 410–421.

Statista Research Department (2020): Statistiken zu psychischen Erkrankungen. [WWW-Dokument, entnommen am 07.03.2020] URL https://de.statista.com/themen/1318/psychische-erkrankungen/.

Statistisches Bundesamt (2017): Nachhaltige Entwicklung in Deutschland, Indikatorenbericht 2016. Wiesbaden: Statistisches Bundesamt.

Staudinger, U. (2000): Viele Gründe sprechen dagegen, und trotzdem geht es vielen Menschen gut: Das Paradox des subjektiven Wohlbefindens. In: Psychologische Rundschau, 51, S. 185–19

Stierlin, H. (2010): Sinnsuche im Wandel: Herausforderungen für Psychotherapie und Gesellschaft – eine persönliche Bilanz. Heidelberg: Carl Auer.Su, R., Tay, L., & Diener, E. (2014): The development and validation of Comprehensive Inventory of Thriving (CIT) and Brief Inventory of Thriving (BIT). Applied Psychology: Health and Well-being. Published online before print. doi: 10.1111/aphw.12027

Tödtmann, C. (2019): Gallup-Studie 2019: Rund sechs Millionen Beschäftigte glauben nicht an ihr Unternehmen – mit 122 Milliarden Euro Folgeschäden, schuld sind die Führungskräfte selbst. [WWW-Dokument, entnommen am 07.03.2020] URL https://blog.wiwo.de/management/2019/09/12/gallup-studie-2019-rund-sechs-millionen-beschaeftigte-glauben-nicht-an-ihr-unternehmen-mit-122-milliarden-euro-folgeschaeden-schuld-sind-die-fuehrungskraefte-selbst/.

Waibel, E. M. (2011): Erziehung zum Sinn – Sinn der Erziehung. Grundlagen einer existenziellen Pädagogik. Augsburg: Brigg Pädagogik Verlag.

Weiguny, B. (2019): »Klassische Werbung ist tot«. Interview mit PR-Unternehmer Richard Edelman von Bettina Weiguny. Erschienen in der Frankfurter Allgemeinen Zeitung. [WWW-Dokument, entnommen am 13.03.2020] URL https://www.faz.net/aktuell/wirtschaft/digitec/klassische-werbung-ist-tot-sagt-pr-unternehmer-richard-edelman-16489283.html

Weinert, A. B. (2004): Organisations- und Personalpsychologie. Weinheim: Beltz.

WHO (1946): Verfassung der Weltgesundheitsorganisation. [WWW-Dokument, entnommen am 25.10.2015] URL https://apps.who.int/gb/bd/PDF/bd47/EN/constitution-en.pdf.

Wood, R. & Bandura, A. (1989): Social Cognitive Theory of Organizational Management Source. In: The Academy of Management Review, 14, 3, S. 361–384.

Der Autor

Dr. phil. Ernst Fritz-Schubert ist Dozent an der SRH Hochschule in Heidelberg. Als ehrenamtlicher Direktor leitet er das nach ihm benannte Fritz-Schubert-Institut, das Methoden zur Persönlichkeitsstärkung erforscht und entwickelt. Der Autor zahlreicher Veröffentlichungen zum Thema Glück und Wohlbefinden war zuvor viele Jahre Schulleiter der Willy-Hellpach-Schule, an der er im Jahre 2007 das Schulfach Glück einführte. Weitere Informationen und Downloads unter http://www.Fritz-Schubert-Institut.de